科学出版社"十四五"普通高等教育本科规划教材

复变函数

（第二版）

刘名生　黄志波　孙道椿　陈宗煊　编

科学出版社

北京

内 容 简 介

本书介绍了复变函数的基本概念、基本理论和方法,包括复数及复平面、复变函数的极限与连续性、复变函数的积分理论、级数理论、留数理论及其应用、保形映射与解析延拓等. 本书在内容的安排上深入浅出,表达清楚,系统性和逻辑性强. 书中列举了大量例题来说明复变函数的定义、定理及方法,并提供了丰富的习题,便于教师教学与学生自学. 每章末都有小结和知识图谱,并配有复习题和测试题. 其中小结对该章的主要内容作了归纳和总结,方便学生系统复习.

本书可作为高等师范院校数学系各专业学生的教学用书,也可供相关专业的教师和科技工作者参考.

图书在版编目(CIP)数据

复变函数/刘名生等编. —2 版. —北京:科学出版社,2023.12
科学出版社"十四五"普通高等教育本科规划教材
ISBN 978-7-03-077114-8

Ⅰ. 复… Ⅱ. ①刘… Ⅲ. ①复变函数-高等学校-教材 Ⅳ. O174.5

中国国家版本馆 CIP 数据核字 (2023)第 228603 号

责任编辑: 姚莉丽 李香叶 / 责任校对: 杨聪敏
责任印制: 师艳茹 / 封面设计: 陈 敬

科 学 出 版 社 出版
北京东黄城根北街 16 号
邮政编码: 100717
http://www.sciencep.com
北京虎彩文化传播有限公司 印刷
科学出版社发行 各地新华书店经销
*
2010 年 2 月第 一 版 开本: 720×1000 1/16
2023 年 12 月第 二 版 印张: 11 1/2
2023 年 12 月第十二次印刷 字数: 230 000
定价: 39.00 元
(如有印装质量问题, 我社负责调换)

前　言

承蒙兄弟院校的厚爱,《复变函数》教材自 2010 年出版以来, 已经被全国多所高等院校选为教材使用, 这是对本书的肯定, 让我们倍感鼓舞. 为深入贯彻党的二十大精神, 华南师范大学全面加强教材建设和管理, 推进教育数字化. 在此背景下, 复变函数数学团队基于 "实践没有止境, 理论创新也没有止境" 的理念, 对教材进行再版升级. 为了帮助教师们在教学过程中提高效率和增强大学生的学习兴趣, 根据这十几年来我们在华南师范大学的教学体会与学生反馈以及兄弟院校的建议, 这次再版我们对本教材的部分内容进行了修改、补充和完善. 关于具体内容, 这次再版主要作了如下修改:

1. 每章增加了一个知识图谱, 列出了该章的主要知识点及它们的联系, 并标注了这些知识点的页码; 读者可以利用知识图谱, 检查自己是否掌握这些知识点, 进一步可以根据知识图谱中的页码, 快速找到与各知识点相关的内容.

2. 将 6.3 节内容及部分习题移到 4.4 节, 修改了最大模原理的证明; 将第 6 章的部分复习题移到第 4 章的复习题内.

3. 将 6.3 节的部分习题移到 6.2 节, 删去了第 5 章的部分习题和复习题, 并补充了部分习题.

4. 每章增加了一份百分制的测试题, 测试题由七个大题组成, 包括填空题、单项选择题、计算题和证明题, 书后附有填空题、单项选择题的答案和计算题、证明题的提示, 方便学生学习和教师教学.

5. 改进了全书的一些文字表达并订正了一些打印错误.

在这十多年的时光里, 本书作者刘名生教授 2018 年获得第六届 "华南师范大学教学名师" 荣誉称号, 2021 年获得 "南粤优秀教师" 荣誉称号; 2022 年, 华南师范大学数学科学学院的 "复变函数" 课程被认定为 "广东省线上线下混合式一流本科课程", 课程负责人黄志波教授获得第十届 "华南师范大学教学名师" 荣誉称号. 为了教材后续修订和完善的需要, 特邀请黄志波教授加入本教材的编写和修订; 这次修订工作主要由刘名生和黄志波两位老师完成; 作者排序修改为: 刘名生、黄志波、孙道椿、陈宗煊. 本书得到华南师范大学教材建设基金资助. 在编写过程中得到了科学出版社和编者所在院校领导的大力支持和帮助, 在此向他们表示衷心的感谢.

　　由于不同院校的教学计划课时数可能存在差异，教师在使用本书时，可以根据具体情况对内容进行取舍或重组，教学时数可掌握在 48～64 学时范围内.

　　限于编者水平，书中不足与疏漏之处在所难免，敬请读者批评指正.

编　者

2023 年 3 月

华南师范大学

第一版前言

本书根据我们在华南师范大学长期讲授复变函数课的实际经验, 并参考了现有的许多复变函数教材编写而成.

复变函数是数学专业的一门重要基础课程. 目前已有了许多复变函数教材, 它们有着各自的特色和优点. 由于编者的出发角度不同, 也存在一定的局限性. 我们站在省属师范院校的角度编写了本书, 基本想法如下:

第一, 选取教材内容 "少而精", 强调基础性.

"少而精" 是教学的基本原则之一, 是培养人才的一个重要手段. 讲授过多、过难的东西只会适得其反, 使学生越来越模糊. 基于这个原则, 在本书中, 我们仅选取了复变函数领域中最重要的基本理论, 而略去了一些难度过大、内容过于专门化的理论. 例如, 略去了 Dirichlet 问题、特殊函数、Christoffel 多角形映射定理、过于复杂的积分计算、无穷乘积及部分分式等, 因为这些内容可通过专门化的教材来学习. 对 Riemann 映射定理、解析延拓, 我们也仅作了简单的介绍. 重点强化了本学科的基本内容: 解析函数、Cauchy 积分、幂级数和 Laurent 级数、留数、分式线性变换和最大模定理.

多值函数部分普遍被认为是一个难点, 我们重点介绍了它的产生及处理方法, 让学生学其基本部分, 而删除其复杂部分. 例如, 第 2 章删除了多个有限支点的问题, 第 5 章删除了多值函数的积分. 如果这些问题不删除, 学生只会越学越糊涂.

第二, 力求可读、严谨和系统.

一本专业基础教材要有好的教学效果, 必须具有良好的可读性和系统性. 从数学史可以知道, 许多概念开始出现于一些简单的事件, 直观易懂; 后来人们为了完善它, 给出了一系列严谨的理论, 这些理论是重要的, 但也是难懂的. 为了将两者结合起来, 我们在引入复数时, 开始用了常规的方法, 然后用标注星号的部分介绍其严谨的引入理论. 对幂级数部分, 在介绍了收敛半径后, 再用标注星号部分介绍产生收敛半径的本质问题.

对于复积分、复级数这些部分, 因为它们是复变函数理论最基础、最重要的部分, 我们给出了特别详细、系统完整的阐述.

第三, 分层次教学.

华南师范大学复变函数课程的教学分两个层次, 即为每周 4 课时与 3 课时两个层次. 其他许多省属师范院校也存在对这门课程实施每周 4 课时或 3 课时的教学. 为了适应这两个层次的教学, 本书在部分内容上标注了星号, 这部分内容仅供每周 4 课时的教学班使用, 而每周 3 课时的教学班则可不予讲授. 经我们多个班级的试用, 一学期内每周 4 课时的教学班, 可完成包括标注星号在内的全部内容的教学, 而每周 3 课时的教学班, 则可完成除标注星号外的所有内容的教学.

第四, 引导学生抓住重点, 加强基础训练.

为了帮助学生抓住每章的重点内容, 在每章的后面给出了一个 "小结", 学生可以沿着小结中的指示复习功课.

本书在每一节后面都留有适量的习题, 大部分是为了复习、巩固、理解和运用本节所学的知识, 一般来说是基础题, 难度不大, 仅有很少量的题目有一定难度. 在每章的后面还留有复习题, 难度中等, 仅有少量的题目偏难, 目的在于帮助学生进一步熟练、深化本章所学的知识, 并训练综合运用能力. 本书没有过偏、过难的习题. 在本书的后面, 对所有的习题给出了答案或提示, 以帮助学生解决做习题时遇到的困难.

陈宗煊教授编写了第 4, 6 章, 孙道椿教授编写了第 1, 5 章, 刘名生教授编写了第 2, 3 章. 所有章节都是经过了集体讨论, 多次试用, 反复修改而成. 黄志波博士参与了试用、讨论、修改等一系列工作. 陈奇斌老师和孙艳芹老师绘制了本书的所有插图.

中山大学的林伟教授和山东大学的仪洪勋教授审阅了本书, 并提出了许多宝贵意见.

本书在编写过程中得到了华南师范大学数学科学学院许多同事的大力支持, 并得到了广东省名牌专业建设专项经费和国家特色专业建设点专项经费的资助.

在此对以上数学同仁表示衷心的感谢! 同时感谢科学出版社的指导和帮助.

鉴于我们的水平有限, 书中难免有疏漏和不妥之处, 恳请广大教师和读者批评指正.

陈宗煊　孙道椿　刘名生

2009 年 10 月

目　　录

第 1 章 复数及复平面

1.1 复数和复数的表示

1.1.1 复数和复数域的公理化定义

早在公元 3 世纪, 人们就能解一些数字系数的一元方程, 但是对于方程 $x^2 + 1 = 0$ 却无办法, 原因是受实数范围的限制. 为了突破实数域 $\mathbb{R}$ 的限制, 引入虚数 $i = \sqrt{-1}$ 和复数 $x + iy$, 其中 x, y 是实数, 这样方程 $x^2 + 1 = 0$ 有解 $x_1 = i, x_2 = -i$, 并且使数域扩大, 由此产生的数 $i \notin \mathbb{R}$. 这里没有说明虚数 i 的存在性, 这在逻辑上是有缺陷的. 为了克服这一缺陷, 下面用实数给出复数的公理化定义.

复数和复数域的公理化定义 定义一个复数 z 是一对有序实数 (x, y), 其中 $x, y \in \mathbb{R}$, 即 $z = (x, y)$. 分别称 x 为复数 z 的**实部**, y 为复数 z 的**虚部**.

用 $\mathbb{C}$ 表示一切复数所成之集. 若任意两个复数 $(a, b), (c, d) \in \mathbb{C}$ 满足如下三条.

(1) 复数相等: $(a, b) = (c, d)$ 当且仅当 $a = c, b = d$, 即两个复数相等当且仅当它们的实部与实部相等, 虚部与虚部相等.

(2) 复数相加: $(a, b) + (c, d) = (a + c, b + d)$, 即两个复数相加等于它们的实部与实部相加, 虚部与虚部相加所得的复数.

(3) 复数相乘: $(a, b)(c, d) = (ac - bd, ad + bc)$.

则称 $\mathbb{C}$ 为**复数域**.

由上述定义中关于乘法的规定易得

$$(0, 1)^2 = (0, 1)(0, 1) = (-1, 0) = -1 \quad ((-1, 0) = -1 见 1.1.2 \text{ 小节}),$$

即复数 $(0, 1)$ 的平方等于 -1, 简记 $i = (0, 1)$, 也记 $i = \sqrt{-1}$. 称 i 为**虚单位**, 它是一个具有性质 $i^2 = -1$ 的复数. 这里由实数的存在性保证了虚单位 i 的存在性.

1.1.2 复数域是实数域的扩充

让形如 $(a, 0)$ 的复数与实数 a 对应, 记作 $(a, 0) \sim a$. 则由上述定义易得, 这种复数的和与积具有如下性质:

$$(a, 0) + (c, 0) = (a + c, 0) \sim a + c; \quad (a, 0)(c, 0) = (ac, 0) \sim ac.$$

所以 $\sim$ 是一个同构对应. 在同构的意义下, 简记 $(a,0) = a$. 因此实数集 $\mathbb{R} := \{(a,0) = a \mid a \in \mathbb{R}\}$ 是复数集 $\mathbb{C}$ 的子集, 复数域 $\mathbb{C}$ 是实数域 $\mathbb{R}$ 的扩充.

由简单记法 $\mathrm{i} = (0,1)$ 和乘法的定义可得

$$\mathrm{i}y = (0,1)(y,0) = (0,y) = (y,0)(0,1) = y\mathrm{i},$$
$$x + \mathrm{i}y = (x,0) + (0,y) = (x,y) = (0,y) + (x,0) = \mathrm{i}y + x,$$

即复数 $\mathrm{i}y$ 可看成是虚单位 i 乘以实数 y, 复数 $x+\mathrm{i}y$ 可看成是实数 x 加上复数 $\mathrm{i}y$, 并且虚单位 i 与实数 y 满足乘法的交换律: $\mathrm{i}y = y\mathrm{i}$; 实数 x 与复数 $\mathrm{i}y$ 满足加法的交换律: $x + \mathrm{i}y = \mathrm{i}y + x$. 当 $y \neq 0$ 时, 称复数 $\mathrm{i}y$ 为**纯虚数**, 称复数 $x + \mathrm{i}y$ 为**虚数**.

结合前面的定义和上面的简单记法, 每个复数 $z = (x,y)$ 可以表示为

$$z = (x,y) = (x,0) + (0,y) = x + \mathrm{i}y.$$

下面主要用这种简单记号 $z = x + \mathrm{i}y$ 表示复数, 它的**实部**和**虚部**分别记作

$$x = \operatorname{Re} z, \quad y = \operatorname{Im} z.$$

由此可得 $z_1 = z_2 \Longleftrightarrow \operatorname{Re} z_1 = \operatorname{Re} z_2$ 且 $\operatorname{Im} z_1 = \operatorname{Im} z_2$.

特别地, $z = 0 \Longleftrightarrow \operatorname{Re} z = \operatorname{Im} z = 0$.

设 $a_1, a_2, b_1, b_2 \in \mathbb{R}$, 则由复数域 $\mathbb{C}$ 的公理化定义知, 复数的加法和乘法可像多项式一样相加、相乘:

$$(a_1 + \mathrm{i}b_1) + (a_2 + \mathrm{i}b_2) = (a_1 + a_2,\, b_1 + b_2) = (a_1 + a_2) + \mathrm{i}(b_1 + b_2),$$
$$(a_1 + \mathrm{i}b_1) \cdot (a_2 + \mathrm{i}b_2) = (a_1 a_2 - b_1 b_2,\, a_1 b_2 + a_2 b_1)$$
$$= a_1 a_2 - b_1 b_2 + \mathrm{i}(a_1 b_2 + a_2 b_1)$$
$$= a_1 a_2 + b_1 b_2 \mathrm{i}^2 + \mathrm{i}(a_1 b_2 + a_2 b_1),$$

并且复数的加法、乘法运算也满足与实数的相应运算一样的交换律、结合律、分配律, 详细证明见 1.1.3 小节, 于是复数集 $\mathbb{C}$ 满足域的定义, 所以**复数域 $\mathbb{C}$** 的公理化定义是合理的.

1.1.3　复数的运算

性质　任取 $a + \mathrm{i}b, c + \mathrm{i}d, u + \mathrm{i}v \in \mathbb{C}$, 则它们满足

1) 交换律: $(a+\mathrm{i}b)+(c+\mathrm{i}d) = (c+\mathrm{i}d)+(a+\mathrm{i}b)$, $(a+\mathrm{i}b)(c+\mathrm{i}d) = (c+\mathrm{i}d)(a+\mathrm{i}b)$.

2) 结合律:

$$[(a+\mathrm{i}b)+(c+\mathrm{i}d)]+(u+\mathrm{i}v)=(a+\mathrm{i}b)+[(c+\mathrm{i}d)+(u+\mathrm{i}v)],$$
$$[(a+\mathrm{i}b)(c+\mathrm{i}d)](u+\mathrm{i}v)=(a+\mathrm{i}b)[(c+\mathrm{i}d)(u+\mathrm{i}v)].$$

3) 乘法对加法的分配律:

$$(u+\mathrm{i}v)[(a+\mathrm{i}b)+(c+\mathrm{i}d)]=(u+\mathrm{i}v)(a+\mathrm{i}b)+(u+\mathrm{i}v)(c+\mathrm{i}d).$$

证明　仅证 3). 先看左边,

$$
\begin{aligned}
(u+\mathrm{i}v)[(a+\mathrm{i}b)+(c+\mathrm{i}d)] &= (u+\mathrm{i}v)[(a+c)+\mathrm{i}(b+d)] \\
&= [u(a+c)-v(b+d)]+\mathrm{i}[u(b+d)+v(a+c)] \\
&= [ua+uc-vb-vd]+\mathrm{i}[ub+ud+va+vc].
\end{aligned}
$$

上面第一个等号是由于复数加法的定义; 第二个等号是由于复数乘法的定义; 第三个等号是由于实数满足分配律. 再看右边, 由复数乘法的定义、加法的定义,

$$
\begin{aligned}
&(u+\mathrm{i}v)(a+\mathrm{i}b)+(u+\mathrm{i}v)(c+\mathrm{i}d) \\
&= [(ua-vb)+\mathrm{i}(ub+va)]+[(uc-vd)+\mathrm{i}(ud+vc)] \\
&= [(ua-vb)+(uc-vd)]+\mathrm{i}[(ub+va)+(ud+vc)].
\end{aligned}
$$

结合复数相等的定义, 即证得分配律. □

直接验证易得, 在复数域 $\mathbb{C}$ 中, 有**零元** $0+\mathrm{i}0$, 有**单位元** $1+\mathrm{i}0$. 每个复数 $a+\mathrm{i}b$ 有**相反的数** $(-a)+\mathrm{i}(-b)$. 每一个非零复数 $a+\mathrm{i}b$ 有倒数 $\dfrac{1}{a+\mathrm{i}b}=\dfrac{a-\mathrm{i}b}{a^2+b^2}$.

减法是加法的逆运算　若复数 $x+\mathrm{i}y$ 满足 $(a+\mathrm{i}b)+(x+\mathrm{i}y)=c+\mathrm{i}d$, 则称 $x+\mathrm{i}y$ 是 $c+\mathrm{i}d$ 与 $a+\mathrm{i}b$ 的**差**. 记为 $x+\mathrm{i}y=(c+\mathrm{i}d)-(a+\mathrm{i}b)$. 简单计算易得

$$x+\mathrm{i}y=(c+\mathrm{i}d)-(a+\mathrm{i}b)=(c-a)+\mathrm{i}(d-b),$$

即减去一个复数等于加上与它相反的数.

除法是乘法的逆运算　若复数 $x+\mathrm{i}y$ 满足 $(a+\mathrm{i}b)(x+\mathrm{i}y)=c+\mathrm{i}d$, 则称 $x+\mathrm{i}y$ 是 $c+\mathrm{i}d$ 与 $a+\mathrm{i}b$ 的**商**, 记为 $x+\mathrm{i}y=(c+\mathrm{i}d)/(a+\mathrm{i}b)$. 可以计算如下:

$$x+\mathrm{i}y=\frac{c+\mathrm{i}d}{a+\mathrm{i}b}=(c+\mathrm{i}d)\cdot\frac{a-\mathrm{i}b}{a^2+b^2}=\frac{ac+bd}{a^2+b^2}+\mathrm{i}\frac{ad-bc}{a^2+b^2},$$

即除以一个非零的复数等于乘以它的倒数.

1.1.4　共轭复数

复数 $z = a + \mathrm{i}b$ 的**共轭复数**定义为 $\bar{z} := a - \mathrm{i}b$. 又设 $w = u + \mathrm{i}v$, 则易证, 两个共轭复数的和、差、积、商分别等于它们和、差、积、商的共轭复数,

$$\bar{z} + \bar{w} = a - b\mathrm{i} + u - v\mathrm{i} = (a + u) - (b + v)\mathrm{i} = \overline{z + w},$$

$$\bar{z} - \bar{w} = a - b\mathrm{i} - u + v\mathrm{i} = (a - u) - (b - v)\mathrm{i} = \overline{z - w},$$

$$\bar{z} \cdot \bar{w} = (a - b\mathrm{i})(u - v\mathrm{i}) = (au - bv) - (bu + av)\mathrm{i} = \overline{zw},$$

$$\frac{\bar{z}}{\bar{w}} = \frac{a - b\mathrm{i}}{u - v\mathrm{i}} = \frac{(a - b\mathrm{i})(u + v\mathrm{i})}{(u - v\mathrm{i})(u + v\mathrm{i})}$$

$$= \frac{au + bv}{u^2 + v^2} - \mathrm{i}\frac{bu - av}{u^2 + v^2} = \overline{\left(\frac{z}{w}\right)}.$$

于是可知有限个共轭复数的有理式等于这些复数有理式的共轭.

1.1.5　复数的几何表示

将复数 $z = a + \mathrm{i}b \in \mathbb{C}$ 用平面直角坐标系上的点 (a, b) 来表示, 就得到复数域到平面的一一对应, 称与复数集建立了这种对应关系的平面为**复平面**, 也用 $\mathbb{C}$ 表示. 称横轴为**实轴**, 纵轴为**虚轴**. 因此, 可定义两点 $z = a + b\mathrm{i}, w = u + v\mathrm{i}$ 间的**距离**为

$$|z - w| = \sqrt{(a - u)^2 + (b - v)^2},$$

它是一个非负实数. 当 $w = 0$ 时, $|z| = \sqrt{a^2 + b^2}$ 表示 z 到原点的距离, 也称为复数 z 的**模**. 易验证

$$z\bar{z} = |z|^2, \quad |z| \geqslant |a| \geqslant a = \mathrm{Re}\,z, \quad |z| \geqslant \mathrm{Im}\,z.$$

也可将复平面 $\mathbb{C}$ 上的点 $z = a + \mathrm{i}b$ 看成是以原点 O 为起点, $z = a + b\mathrm{i}$ 为终点的向量 $\overrightarrow{Oz}$. 这时向量的长就是复数 z 的模, 即 $|\overrightarrow{Oz}| = |z|$ (图 1.1).

复数的加法在复平面上满足平行四边形法则, 即两个复数向量 $\overrightarrow{Oz}, \overrightarrow{Ow}$ 的和等于它们确定的平行四边形 $Oz\xi w$ 的对角线向量 $\overrightarrow{O\xi}$, 如图 1.2 所示. 类似地, 两个复数相减与向量相减的法则也一致. 从图 1.2 可以看出

$$|z + w| = |\overrightarrow{O\xi}| \leqslant |\overrightarrow{Oz}| + |\overrightarrow{Ow}| = |z| + |w|. \tag{1.1.1}$$

不等式 (1.1.1) 也可以用解析的方法证明如下:

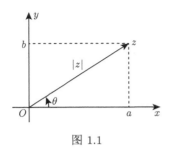

图 1.1

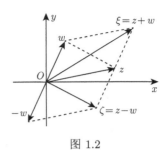

图 1.2

事实上, 由于

$$|z+w|^2 = (z+w)(\bar{z}+\overline{w}) = |z|^2 + |w|^2 + z\overline{w} + \bar{z}w$$

$$= |z|^2 + |w|^2 + 2\mathrm{Re}\,(z\overline{w}) \tag{1.1.2}$$

和

$$\mathrm{Re}\,(z\overline{w}) \leqslant |\mathrm{Re}\,(z\overline{w})| \leqslant |z\overline{w}| = |z||w|,$$

所以

$$|z+w|^2 \leqslant |z|^2 + |w|^2 + 2|z||w| = (|z|+|w|)^2,$$

因此不等式 (1.1.1) 得证. □

关于两个复数 z, w 的和与差的模, 类似可得以下不等式:

$$\big||z|-|w|\big| \leqslant |z+w| \leqslant |z|+|w|,$$

$$\big||z|-|w|\big| \leqslant |z-w| \leqslant |z|+|w|.$$

1.1.6 复数的三角表示

为了方便, 常常将复数 $z = x+\mathrm{i}y$ 看成向量 $\overrightarrow{Oz}$. 称非零向量 $\overrightarrow{Oz}$ 与实轴正向间的夹角为复数 z 的**辐角**, 记为 $\mathrm{Arg}\,z$. 注意 $\mathrm{Arg}\,z$ 有无穷多个取值, 用 $\arg z$ 表示这些辐角中满足 $-\pi < \arg z \leqslant \pi$ 的一个, 称为 $\mathrm{Arg}\,z$ 的**主值**, 或复数 z 的**主辐角**, 则

$$\mathrm{Arg}\,z = \arg z + 2k\pi, \quad k = 0, \pm 1, \pm 2, \cdots.$$

也用 $\arg z$ 表示 $\mathrm{Arg}\,z$ 的特定值. 根据需要, 可规定其范围为一个长度为 2π 的区间. 令 $z = x+\mathrm{i}y$, 则它的主辐角 $\arg z$ 在 $\mathbb{C}\backslash\{z : \mathrm{Re}z \leqslant 0, \mathrm{Im}z = 0\}$ 内可用实的反三角函数表示如下:

$$\arg z = \begin{cases} \arctan \dfrac{y}{x}, & x > 0, \\[2mm] \operatorname{arccot} \dfrac{x}{y}, & y > 0, \\[2mm] \operatorname{arccot} \dfrac{x}{y} - \pi, & y < 0. \end{cases} \tag{1.1.3}$$

上面的表示在第一象限和第四象限有重复, 但重复的两种表示法取值是完全一样的. 容易看出在 $\mathbb{C} \backslash \{z : \operatorname{Re} z \leqslant 0, \operatorname{Im} z = 0\}$ 内, $\arg z$ 是一个二元的连续实函数.

利用模及辐角, 可将非零复数 z 写成如下三角表示式:

$$z = |z|(\cos \operatorname{Arg} z + \mathrm{i} \sin \operatorname{Arg} z) = |z|(\cos \arg z + \mathrm{i} \sin \arg z).$$

利用 Euler(欧拉) 公式 (见 2.3.1 小节)

$$\mathrm{e}^{\mathrm{i}\theta} := \cos \theta + \mathrm{i} \sin \theta,$$

可将非零复数 z 写成如下指数表示式:

$$z = |z|\mathrm{e}^{\mathrm{i}\operatorname{Arg} z} = |z|\mathrm{e}^{\mathrm{i}\arg z}.$$

注　非零复数 z 的三角表示式和指数表示式不是唯一的, 因为 $\sin \theta, \cos \theta$ 都是以 2π 为周期的周期函数. 称 $z = x + \mathrm{i}y$ 为复数 z 的**代数表示式**. 利用复数的模和辐角易得

$$z_1 = z_2 \Longleftrightarrow |z_1| = |z_2| \text{ 且 } \operatorname{Arg} z_1 = \operatorname{Arg} z_2. \text{ 特别地, } z = 0 \Longleftrightarrow |z| = 0.$$

例 1　将复数 $z = -\sqrt{12} - 2\mathrm{i}$ 化为三角表示式与指数表示式.

解　因为 $|z| = \sqrt{12 + 4} = 4$ 和 $x = -\sqrt{12} < 0, y = -2 < 0$, 所以由 (1.1.3) 式可得

$$\arg z = \operatorname{arccot}\left(\frac{-\sqrt{12}}{-2}\right) - \pi = \operatorname{arccot}\sqrt{3} - \pi = -\frac{5\pi}{6}.$$

因此, 复数 $z = -\sqrt{12} - 2\mathrm{i}$ 的三角表示式为

$$z = 4\left[\cos\left(-\frac{5\pi}{6} + 2k\pi\right) + \mathrm{i}\sin\left(-\frac{5\pi}{6} + 2k\pi\right)\right], \quad k \in \mathbb{Z};$$

指数表示式为

$$z = 4\mathrm{e}^{\left(-\frac{5\pi}{6} + 2k\pi\right)\mathrm{i}}, \quad k \in \mathbb{Z}. \qquad \square$$

例 2　求复数 $z = 1 - \cos \alpha + \mathrm{i} \sin \alpha \ (0 < \alpha \leqslant \pi)$ 的辐角, 并将其化为三角表示式与指数表示式.

解 因为 $0 < \alpha \leqslant \pi$, 所以

$$|z| = \sqrt{(1-\cos\alpha)^2 + \sin^2\alpha} = \sqrt{2 - 2\cos\alpha} = 2\sin\frac{\alpha}{2}.$$

又因为

$$
\begin{aligned}
z &= 1 - \cos\alpha + \mathrm{i}\sin\alpha \\
&= 2\sin^2\frac{\alpha}{2} + \mathrm{i}\cdot 2\sin\frac{\alpha}{2}\cos\frac{\alpha}{2} \\
&= 2\sin\frac{\alpha}{2}\left(\sin\frac{\alpha}{2} + \mathrm{i}\cos\frac{\alpha}{2}\right) \\
&= |z|\left(\cos\frac{\pi-\alpha}{2} + \mathrm{i}\sin\frac{\pi-\alpha}{2}\right),
\end{aligned}
$$

所以

$$\operatorname{Arg} z = \frac{\pi-\alpha}{2} + 2k\pi, \quad k \in \mathbb{Z}.$$

因此, 复数 z 的三角表示式为

$$z = 2\sin\frac{\alpha}{2}\left(\cos\left(\frac{\pi-\alpha}{2} + 2k\pi\right) + \mathrm{i}\sin\left(\frac{\pi-\alpha}{2} + 2k\pi\right)\right), \quad k \in \mathbb{Z};$$

指数表示式为

$$z = 2\sin\frac{\alpha}{2}\,\mathrm{e}^{\left(\frac{\pi-\alpha}{2} + 2k\pi\right)\mathrm{i}}, \quad k \in \mathbb{Z}. \qquad \square$$

用复数的指数表示式或三角表示式作乘法、除法比较方便.

$$
\begin{aligned}
z \cdot w &= |z|\mathrm{e}^{\mathrm{i}\operatorname{Arg} z} \cdot |w|\mathrm{e}^{\mathrm{i}\operatorname{Arg} w} \\
&= [|z|(\cos\operatorname{Arg} z + \mathrm{i}\sin\operatorname{Arg} z)][|w|(\cos\operatorname{Arg} w + \mathrm{i}\sin\operatorname{Arg} w)] \\
&= |z||w|[\cos(\operatorname{Arg} z + \operatorname{Arg} w) + \mathrm{i}\sin(\operatorname{Arg} z + \operatorname{Arg} w)],
\end{aligned}
$$

即两个复数相乘等于模相乘、辐角相加. 对除法有

$$
\begin{aligned}
\frac{z}{w} &= \frac{|z|\mathrm{e}^{\mathrm{i}\operatorname{Arg} z}}{|w|\mathrm{e}^{\mathrm{i}\operatorname{Arg} w}} \\
&= \frac{|z|(\cos\operatorname{Arg} z + \mathrm{i}\sin\operatorname{Arg} z)}{|w|(\cos\operatorname{Arg} w + \mathrm{i}\sin\operatorname{Arg} w)} \\
&= \frac{|z|}{|w|}[\cos(\operatorname{Arg} z - \operatorname{Arg} w) + \mathrm{i}\sin(\operatorname{Arg} z - \operatorname{Arg} w)],
\end{aligned}
$$

即两个复数相除等于模相除、辐角相减.

设 $z_1 = r_1(\cos\theta_1 + \mathrm{i}\sin\theta_1), \cdots, z_n = r_n(\cos\theta_n + \mathrm{i}\sin\theta_n)$ 是给定的 n 个复数, 用数学归纳法可以证明

$$z_1 z_2 \cdots z_n = r_1 r_2 \cdots r_n \Big(\cos(\theta_1 + \theta_2 + \cdots + \theta_n) + \mathrm{i}\sin(\theta_1 + \theta_2 + \cdots + \theta_n) \Big).$$

特别当 $z = \cos\theta + \mathrm{i}\sin\theta$ 时得

$$(\cos\theta + \mathrm{i}\sin\theta)^n = \cos n\theta + \mathrm{i}\sin n\theta,$$

这就是著名的 **de Moivre**(棣莫弗) **公式**.

对乘方 (依次相乘), 当 n 是正整数时, 利用 de Moivre 公式可得

$$\begin{aligned}
z^n &= \left(|z|\mathrm{e}^{\mathrm{i}\mathrm{Arg}\ z} \right)^n \\
&= [|z|(\cos\mathrm{Arg}\ z + \mathrm{i}\sin\mathrm{Arg}\ z)]^n \\
&= |z|^n[\cos(n\mathrm{Arg}\ z) + \mathrm{i}\sin(n\mathrm{Arg}\ z)] \\
&= |z|^n\mathrm{e}^{\mathrm{i}n\mathrm{Arg}\ z}.
\end{aligned}$$

当 n 是负整数时, 可理解为

$$\begin{aligned}
z^n &= \left(|z|\mathrm{e}^{\mathrm{i}\mathrm{Arg}\ z} \right)^n \\
&= [|z|(\cos\mathrm{Arg}\ z + \mathrm{i}\sin\mathrm{Arg}\ z)]^n \\
&:= \frac{1}{[|z|(\cos\mathrm{Arg}\ z + \mathrm{i}\sin\mathrm{Arg}\ z)]^{-n}} \\
&= |z|^n[\cos(n\mathrm{Arg}\ z) + \mathrm{i}\sin(n\mathrm{Arg}\ z)] \\
&= |z|^n\mathrm{e}^{\mathrm{i}n\mathrm{Arg}\ z}.
\end{aligned}$$

注意, 这里的辐角运算是在集合间进行的, 运算的结果是

$$\begin{aligned}
\mathrm{Arg}\,z + \mathrm{Arg}\,w &= \{(\arg z + 2k_1\pi) + (\arg w + 2k_2\pi) : k_1, k_2 = 0, \pm 1, \cdots\} \\
&= \{\arg z + \arg w + 2k\pi : k = 0, \pm 1, \cdots\}, \\
\mathrm{Arg}\,z - \mathrm{Arg}\,w &= \{\arg z - \arg w + 2k\pi : k = 0, \pm 1, \cdots\}, \\
n\,\mathrm{Arg}\,z &= \{n\arg z + 2nk\pi : k = 0, \pm 1, \cdots\}.
\end{aligned}$$

对于乘方的逆运算——**开方运算**, 对任意给定的正整数 n 和 $z \neq 0$, 定义 $z^{\frac{1}{n}}$ 是满足 $w^n = z$ 的所有复数 w, 称为复数 z 的 $\boldsymbol{n}$ **次方根**.

利用 de Moivre 公式, 可以求出 $z^{\frac{1}{n}}$ 的 n 个不同值. 事实上, 设 $z = r(\cos\theta + \mathrm{i}\sin\theta)$ 是给定的, 要求 $w = \rho(\cos\varphi + \mathrm{i}\sin\varphi)$ 使得 $w^n = z$. 根据 de Moivre 公式, 得

$$\rho^n(\cos n\varphi + \mathrm{i}\sin n\varphi) = r(\cos\theta + \mathrm{i}\sin\theta).$$

由此可得 $\rho = \sqrt[n]{r}$, $n\varphi = \theta + 2k\pi$, $k = 0, 1, \cdots, n-1$. 于是可知, 有 n 个复数 w 满足 $w^n = z$, 它们是

$$w = z^{\frac{1}{n}} = \sqrt[n]{|z|}\left(\cos\frac{\theta + 2k\pi}{n} + \mathrm{i}\sin\frac{\theta + 2k\pi}{n}\right) \quad (k = 0, 1, 2, \cdots, n-1).$$

注 在本书中, $\sqrt[n]{\cdot}$ 表示正实数开方的算术根, 是一个正值, $z^{\frac{1}{n}}$ 表示复数 z 开 n 次方根, 它有 n 个不同值. $z^{\frac{1}{n}}$ 的 n 个不同值是内接于中心在原点、半径为 $\sqrt[n]{|z|}$ 的圆的正 n 边形的 n 个顶点.

例 3 求 $(1 + \mathrm{i})^{\frac{1}{4}}$ 的所有值.

解 由于

$$1 + \mathrm{i} = \sqrt{2}\left[\cos\left(\frac{\pi}{4} + 2k\pi\right) + \mathrm{i}\sin\left(\frac{\pi}{4} + 2k\pi\right)\right], \quad k \in \mathbb{Z},$$

其中 $\sqrt{2}$ 表示正实数 2 的算术根. 于是

$$(1 + \mathrm{i})^{\frac{1}{4}} = \sqrt[8]{2}\left[\cos\left(\frac{\frac{\pi}{4} + 2k\pi}{4}\right) + \mathrm{i}\sin\left(\frac{\frac{\pi}{4} + 2k\pi}{4}\right)\right].$$

只需取 $k = 0, 1, 2, 3$, 即得到 $(1 + \mathrm{i})^{\frac{1}{4}}$ 的 4 个不同的值:

$$\sqrt[8]{2}\left(\cos\frac{\pi}{16} + \mathrm{i}\sin\frac{\pi}{16}\right), \qquad \sqrt[8]{2}\left(\cos\frac{9\pi}{16} + \mathrm{i}\sin\frac{9\pi}{16}\right),$$

$$\sqrt[8]{2}\left(\cos\frac{17\pi}{16} + \mathrm{i}\sin\frac{17\pi}{16}\right), \quad \sqrt[8]{2}\left(\cos\frac{25\pi}{16} + \mathrm{i}\sin\frac{25\pi}{16}\right). \qquad \Box$$

例 4 试用复数表示圆的方程

$$a(x^2 + y^2) + bx + cy + d = 0,$$

其中 a, b, c, d 为实常数, 满足 $a \neq 0$, $b^2 + c^2 > 4ad$.

解 令 $z = x + \mathrm{i}y$, 则 $\bar{z} = x - \mathrm{i}y$. 于是

$$x^2 + y^2 = z\bar{z}, \quad x = \frac{z + \bar{z}}{2}, \quad y = \frac{z - \bar{z}}{2\mathrm{i}},$$

代入原方程得复数表示的圆方程为

$$az\overline{z} + \overline{\beta}z + \beta\overline{z} + d = 0,$$

其中 $\beta = \dfrac{b + \mathrm{i}c}{2}$, 满足 $|\beta|^2 = \dfrac{b^2 + c^2}{4} > ad$.　　　　　　　　　　　□

　　注　以 z_0 为圆心、正数 r 为半径的圆周的复方程为 $|z - z_0| = r$, 其参数方程为

$$z = z_0 + r\,\mathrm{e}^{i\theta}, \quad \theta \in [0, 2\pi).$$

　　例 5　求通过不同两点 $A = x_1 + \mathrm{i}y_1$, $B = x_2 + \mathrm{i}y_2$ 的直线的复方程.

　　解　由于通过不同两点 $A = x_1 + \mathrm{i}y_1$, $B = x_2 + \mathrm{i}y_2$ 的直线的实参数方程为

$$\begin{cases} x = x_1 + t(x_2 - x_1), \\ y = y_1 + t(y_2 - y_1), \end{cases} \quad t \in (-\infty, +\infty), \tag{1.1.4}$$

所以利用 $z = x + \mathrm{i}y$ 可得, 它的复参数方程为

$$z = A + t(B - A), \quad t \in (-\infty, +\infty).$$

　　注意到 $A - B \neq 0$ 和 t 是实数, 因此所求的直线的两点式复方程为

$$\mathrm{Im}\,\frac{z - A}{B - A} = 0.　　　　　　　□$$

　　几何解释　对直线上任意一点 z, 由辐角的除法

$$\arg \frac{z - A}{B - A} = \arg(z - A) - \arg(B - A),$$

它表示向量 $\overrightarrow{Az}$ 与向量 $\overrightarrow{AB}$ 的夹角. 若三点 A, B, z 在同一直线上, 当且仅当 $\overrightarrow{Az}$ 与 $\overrightarrow{AB}$ 方向相同或相反 (夹角等于 $0 + 2k\pi$ 或 $\pi + 2k\pi$). 两种情况均有

$$\sin \arg \frac{z - A}{B - A} = 0. \tag{1.1.5}$$

由三角表示法

$$\frac{z - A}{B - A} = \left| \frac{z - A}{B - A} \right| \left(\cos \arg \frac{z - A}{B - A} + \mathrm{i} \sin \arg \frac{z - A}{B - A} \right). \tag{1.1.6}$$

(1.1.5) 式即表示 $\dfrac{z - A}{B - A}$ 的虚部为零.

1.1.7 复球面及无穷大

在点坐标为 (x, y, t) 的三维空间中, 把 xOy 面看成 $z = x + \mathrm{i}y$ 的复平面 $\mathbb{C}$. 考虑复球面

$$\mathbb{C}_\infty := \{(x, y, t) : x^2 + y^2 + t^2 = 1\}.$$

称球面上一点 $N(0, 0, 1)$ 为**球极**. 作连接球极 N 与复平面 xOy 上任一点 $A(x, y, 0)$ 的直线 L, 设直线 L 与复球面 $\mathbb{C}_\infty$ 的交点为 $A'(u, v, h)$, 则 A' 称为 A 在复球面上的**球极投影** (图 1.3). 由向量 $\overrightarrow{NA} = (x, y, -1)$ 平行于 $\overrightarrow{NA'} = (u, v, h - 1)$ 可得

$$\frac{x}{u} = \frac{y}{v} = \frac{-1}{h-1},$$

所以

$$x = \frac{u}{1-h}, \quad y = \frac{v}{1-h}.$$

又因为 $u^2 + v^2 + h^2 = 1$, 所以简单计算可得

$$u = \frac{2x}{x^2 + y^2 + 1}, \quad v = \frac{2y}{x^2 + y^2 + 1}, \quad h = \frac{x^2 + y^2 - 1}{x^2 + y^2 + 1}.$$

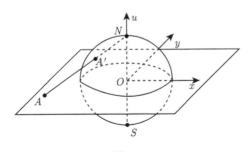

图 1.3

这样就建立了复平面 $\mathbb{C}$ 到 $\mathbb{C}_\infty - \{N\}$ 之间的一一对应. 为了对应于球极 N, 引入一个广义的复数无穷远点 ∞ 与它对应. 称 $\mathbb{C} \cup \{\infty\}$ 为**扩充复平面**, 记为 $\overline{\mathbb{C}}$. 对于广义复数 ∞, 实部和虚部以及辐角都没有意义. 它的模规定为 $|\infty| = +\infty$. 对任意复数 $a \in \mathbb{C}$, 规定

$$a \pm \infty = \infty \pm a = \infty,$$
$$a \cdot \infty = \infty \cdot a = \infty \quad (a \neq 0),$$
$$\frac{a}{0} = \infty \quad (a \neq 0), \quad \frac{a}{\infty} = 0.$$

运算 $\infty \pm \infty, \ 0 \cdot \infty, \ \dfrac{0}{0}, \ \dfrac{\infty}{\infty}$ 均无定义.

习　题　1.1

1. 求复数 $\dfrac{z-1}{z+1}$ 的实部及虚部.

2. 设 $z = \dfrac{\sqrt{3} - \mathrm{i}}{2}$, 求 $|z|$, $\mathrm{Arg}\,z$ 和 $\arg z$.

3. 设 $z_1 = \dfrac{1 + \mathrm{i}}{\sqrt{2}}, z_2 = \sqrt{3} - \mathrm{i}$, 试用三角表示式表示 z_1, z_2 及 $\dfrac{z_1}{z_2}$.

4. 解方程 $z^2 - 2\mathrm{i}z - (2 - \mathrm{i}) = 0$.

5. 试证明 z 平面上的直线方程可以写成

$$A\bar{z} + \overline{A}z = c,$$

其中 A 为非零复常数, c 为实常数.

6. 试证明

(1) $|z_1 + z_2|^2 + |z_1 - z_2|^2 = 2(|z_1|^2 + |z_2|^2)$, 并说明其几何意义;

(2) $|1 - \overline{z}_1 z_2|^2 - |z_1 - z_2|^2 = (1 - |z_1|^2)(1 - |z_2|^2)$.

7. 设 $|z_0| \neq 1, |z| = 1$, 试证明

$$\left| \frac{z - z_0}{1 - \overline{z}_0 z} \right| = 1.$$

8. 设 z_1, z_2, z_3 三点适合条件 $z_1 + z_2 + z_3 = 0$ 及 $|z_1| = |z_2| = |z_3| = R\,(R > 0)$. 试证明 z_1, z_2, z_3 为一个内接于圆周 $|z| = R$ 的正三角形的顶点.

9. 设 $z_1 \neq z_2$, λ 是不为 1 的正实数, 证明: 由方程

$$\left| \frac{z - z_1}{z - z_2} \right| = \lambda$$

所确定的点 z 的轨迹是一个圆周, 并求出它的圆心和半径. 当 $\lambda = 1$ 时, 它的轨迹是什么?

1.2　复平面的拓扑

1.2.1　初步概念

为在复平面上定义开集, 先定义邻域.

设 $a \in \mathbb{C}, r \in (0, +\infty)$, 则称圆盘

$$\{z \in \mathbb{C} : |z - a| < r\}$$

为 a 的 **r 邻域**, 记为 $U(a; r)$; 称点集

$$\{z \in \mathbb{C} : 0 < |z - a| < r\}$$

为 a 的 **r 去心邻域**, 记为 $U^\circ(a; r)$; 称

$$\{z \in \mathbb{C} : |z - a| \leqslant r\}$$

为以 a 为中心、r 为半径的闭圆盘, 记为 $\overline{U}(a;r)$; 称

$$\{z \in \overline{\mathbb{C}} : |z-a| > r\}$$

为无穷远点的一个邻域.

设集合 $E \subset \mathbb{C}$. 若对任意 $r \in (0, +\infty)$, $U(a;r) \cap E$ 中恒有无穷个点, 则称 a 为集合 E 的**聚点**或**极限点**.

若 $a \in E$, 但 a 不是 E 的聚点, 即存在 $\delta > 0$, 使得 $U(a;\delta) \cap E = \{a\}$, 则称 a 为 E 的**孤立点**.

若存在 $r > 0$, 使 $U(a;r) \subset E$, 则称 a 为 E 的**内点**.

若 E 中每一点均是内点, 则称 E 为**开集**. 若 $\mathbb{C} - E$ 为开集, 则称 E 为**闭集**.

若对任意 $r > 0$, $E \cap U(a;r) \neq \varnothing$, 并且 $(\mathbb{C} - E) \cap U(a;r) \neq \varnothing$, 则称 a 为 E 的**边界点**. 全部边界点所组成的点集称为 E 的**边界**, 记为 ∂E.

称 $E \cup \partial E$ 为 E 的**闭包**, 记为 $\overline{E}$.

若存在 $K > 0$, 对于任意 $a \in E$, 恒有 $|a| < K$, 则称 E 为**有界集**; 否则称 E 为**无界集**. 复平面上有界闭集称为**紧集**.

若 E 中任意两点, 恒可用 E 中的有限条线段连接起来, 则称 E 是**连通集**.

例 1　设 $E := U(a;r)$, 则 E 中每一点均为聚点, 没有孤立点; 每一点均为内点. E 为连通开集、有界集. 它的闭包为 $\{z : |z-a| \leqslant r\}$, 边界为 $\{z : |z-a| = r\}$.

例 2　设 $E := \left\{\dfrac{1}{n} : n = 1, 2, \cdots\right\}$, 则 E 中每一点均为孤立点, 没有内点; 仅有一个聚点 $0 \notin E$. E 不是开集, 也不是闭集, 是非连通的有界集. 它的闭包、边界均为 $E \cup \{0\}$.

例 3　设 $E := \{z = x + \mathrm{i}y : x, y \text{ 均为有理数}\}$, 则 E 中没有内点, 没有孤立点. $\mathbb{C}$ 上每一点均为 E 的聚点. E 不是开集, 也不是闭集, 是非连通的无界集. 它的闭包、边界均为复平面 $\mathbb{C}$.

1.2.2　Jordan 曲线

设 $x(t), y(t)$ 是闭区间 $[a,b]$ 上连续的实函数. 称

$$z(t) = x(t) + \mathrm{i}y(t), \quad a \leqslant t \leqslant b \tag{1.2.1}$$

为 $\mathbb{C}$ 上的一条**连续曲线**.

若对 $[a,b]$ 中任意两个不同的点 t_1, t_2, 并且不同时为端点, 恒有 $z(t_1) \neq z(t_2)$, 则称 (1.2.1) 式为一条**简单曲线**或 **Jordan** (若尔当) **曲线**.

若简单曲线还满足 $z(a) = z(b)$, 则称 (1.2.1) 式为**简单闭曲线**, 或 **Jordan 闭曲线**.

若 (1.2.1) 式的实部及虚部均存在连续的导函数 $x'(t)$, $y'(t)$, 并且对任意 $t \in [a, b]$, $z'(t) = x'(t) + \mathrm{i}y'(t) \neq 0$, 则称 (1.2.1) 式为**光滑曲线**.

有限条光滑曲线首尾相接构成一条**分段光滑曲线**.

复平面上非空的连通开集称为**区域**. 区域加上它的边界称为**闭区域**.

下面是著名的 Jordan 定理. 这个定理看起来简单, 证明相当复杂, 故省略证明.

Jordan 定理　　任何一条 Jordan 闭曲线把复平面分成两个没有公共点的区域: 一个有界的, 称为**内区域**; 一个无界的, 称为**外区域**. 这两个区域都以这条 Jordan 闭曲线为边界.

在复平面上, 若区域 D 内任意简单闭曲线所围成的内区域仍全在 D 内, 则称 D 为**单连通区域**; 否则称为**多连通区域**, 如图 1.4 所示.

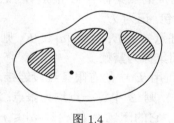

图 1.4

在扩充复平面上, 若区域 D 内任意简单闭曲线所围成的内区域或外区域 (包括 ∞) 仍全在 D 内, 则称 D 为**单连通区域**; 否则称为**多连通区域**.

例 4　集合

$$\{z : (1 - \mathrm{i})z + (1 + \mathrm{i})\bar{z} > 0\} = \{z = x + \mathrm{i}y : x + y > 0\}$$

是一个半平面, 它是一个单连通无界区域, 其边界为直线

$$(1 - \mathrm{i})z + (1 + \mathrm{i})\bar{z} = 2(x + y) = 0.$$

例 5　集合 $\{z : 2 < \operatorname{Re} z < 3\} = \{z = x + \mathrm{i}y : 2 < x < 3\}$ 是一个垂直的带形. 它是一个单连通无界区域, 其边界为两直线 $\operatorname{Re} z = x = 2$, $\operatorname{Re} z = x = 3$.

例 6　集合 $\{z : 2 < \arg(z - \mathrm{i}) < 3\}$ 是一个以 i 为顶点的角形. 由于 $\pi/2 < 2 < 3 < \pi$, 这个角形在第二象限. 它是一个单连通无界区域, 其边界为两条半直线及一个顶点

$$\arg(z - \mathrm{i}) = 2, \quad \arg(z - \mathrm{i}) = 3, \quad \{\mathrm{i}\}.$$

例 7　集合 $\{z : 2 < |z - \mathrm{i}| < 3\}$ 是一个圆环. 它是一个多连通的有界区域, 其边界为两圆周

$$|z - \mathrm{i}| = 2, \quad |z - \mathrm{i}| = 3.$$

例 8　在 $\overline{\mathbb{C}}$ 上, 集合 $\{z : 2 < |z| \leqslant +\infty\}$ 是一个单连通无界区域, 其边界是圆周 $\{z : |z| = 2\}$; 集合 $\{z : 2 < |z| < +\infty\}$ 是一个多连通无界区域, 其边界是 $\{z : |z| = 2\} \cup \{\infty\}$.

习　题　1.2

1. 满足下列条件的点 z 所组成的点集是什么? 如果是区域, 判断是单连通区域还是多连通区域?

(1) $\mathrm{Im}\, z = 3$;

(2) $|z - \mathrm{i}| \leqslant |2 + \mathrm{i}|$;

(3) $\mathrm{Re}\, z > \dfrac{1}{2}$;

(4) $|z - 2| + |z + 2| = 5$;

(5) $\left| \dfrac{z - 1}{z + 1} \right| \leqslant 2$;

(6) $\arg(z - \mathrm{i}) = \dfrac{\pi}{4}$;

(7) $|z| < 1, \mathrm{Re}\, z \leqslant \dfrac{1}{2}$;

(8) $0 < \arg \dfrac{z - \mathrm{i}}{z + \mathrm{i}} < \dfrac{\pi}{4}$;

(9) $0 < \arg\,(z - 1) < \dfrac{\pi}{4}, 2 < \mathrm{Re}\, z < 3$;

(10) $|z| < 2$ 且 $0 < \arg z < \dfrac{\pi}{4}$.

2. 求下列方程给出的曲线 (t 为实参数):

(1) $z = (1 + \mathrm{i})t$;　(2) $z = t + \dfrac{\mathrm{i}}{t}$;

(3) $z = t^2 + \dfrac{\mathrm{i}}{t^2}$;　(4) $z = a \cos t + \mathrm{i}b \sin t\ (a > 0, b > 0)$.

第 1 章小结

本章介绍了复数的公理化定义, 建立了复数域, 它是实数域的扩充, 并使负实数开方有意义.

复数的运算满足交换律、结合律和分配律.

复数 $z = a + \mathrm{i}b$ 的共轭复数定义为 $\bar{z} := a - \mathrm{i}b$. 两个共轭复数的和、差、积、商 (分母不为零) 等于它们的和、差、积、商的共轭复数. 有限个共轭复数的有理式等于这些复数有理式的共轭.

复数有代数表示式 $z = x + \mathrm{i}y$, 三角表示式 $z = |z|(\cos \mathrm{Arg}\, z + \mathrm{i} \sin \mathrm{Arg}\, z)$ 和指数表示式 $z = |z|\mathrm{e}^{\mathrm{i}\mathrm{Arg}\, z}$. 用三角表示式或指数表示式作乘法、除法比较方便. 复数相乘等于模相乘、辐角相加. 复数相除等于模相除、辐角相减.

复平面加上无穷远点称为扩充复平面. 通过球极投影, 扩充复平面可以与复球面建立一一对应.

在复平面上定义邻域后, 就有了聚点、内点、边界点、开集、闭集等基本概念. 有了拓扑, 就可以定义连续、Jordan 曲线等概念.

第 1 章知识图谱

第1章知识图谱

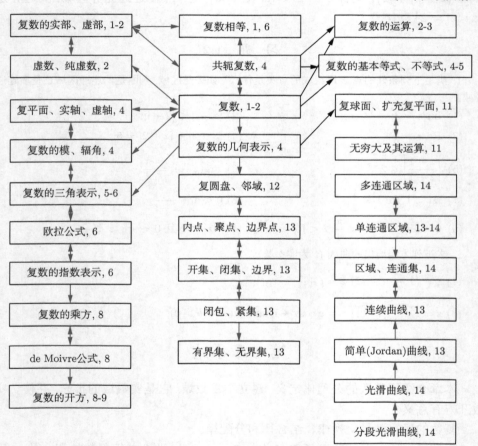

第 1 章复习题

1. 设 $z = x + \mathrm{i}y$, 试证明:

$$\frac{|x| + |y|}{\sqrt{2}} \leqslant |z| \leqslant |x| + |y|.$$

2. 试证明以 z_1, z_2, z_3 为顶点的三角形和以 w_1, w_2, w_3 为顶点的三角形相似的充分条件为

$$\begin{vmatrix} z_1 & w_1 & 1 \\ z_2 & w_2 & 1 \\ z_3 & w_3 & 1 \end{vmatrix} = 0.$$

3. 设 $|z_0| < 1, |z| < 1$, 试证明:

(1) $\left| \dfrac{z - z_0}{1 - \overline{z_0}z} \right| < 1$;

(2) $1 - \left| \dfrac{z - z_0}{1 - \overline{z_0}z} \right|^2 = \dfrac{(1 - |z_0|^2)(1 - |z|^2)}{|1 - \overline{z_0}z|^2}$;

(3) $\dfrac{||z| - |z_0||}{1 - |z_0||z|} \leqslant \left| \dfrac{z - z_0}{1 - \overline{z_0}z} \right| \leqslant \dfrac{|z| + |z_0|}{1 + |z_0||z|}$.

4. 设 $z + z^{-1} = 2\cos\theta$, 试证明 $z^n + z^{-n} = 2\cos n\theta$, 其中 $n \in \mathbb{Z}$.

5. 求证:

$$(1 + \cos\theta + \mathrm{i}\sin\theta)^n = 2^n \cos^n \frac{\theta}{2} \left(\cos \frac{n\theta}{2} + \mathrm{i}\sin \frac{n\theta}{2} \right).$$

6. 设有限复数 z_1 及 z_2 在复球面上表示为 P_1 及 P_2 两点. 试证明 P_1 与 P_2 的距离为

$$\frac{2|z_1 - z_2|}{\sqrt{(1 + |z_1|^2)(1 + |z_2|^2)}}.$$

7. 如果 $|z_1| = |z_2| = |z_3| = |z_4| = 1$, $z_1 + z_2 + z_3 + z_4 = 0$ 且 z_1, z_2, z_3, z_4 不会两两重合. 试证明 z_1, z_2, z_3, z_4 是一矩形的四个顶点.

8. 试证明复平面上三个不同点 z_1, z_2, z_3 共线的充分必要条件为存在不全为零的实数 a, b, c, 使得

$$az_1 + bz_2 + cz_3 = 0, \quad a + b + c = 0.$$

第 1 章测试题

一、填空题 (每小题 3 分, 共 15 分)

1. 设 $x, y \in \mathbb{R}$. 若 $(1 + 2\mathrm{i})x + (3 - 5\mathrm{i})y = 1 - 3\mathrm{i}$, 则 $x = ($　　$), y = ($　　$)$.

2. 设复数 $z_1 = x_1 + \mathrm{i}y_1, z_2 = x_2 + \mathrm{i}y_2$, 则 $z_1 \cdot z_2 = ($　　$)$.

3. 非零复数 $a + \mathrm{i}b$ 的倒数为 ($\quad$).

4. 设 $a, b, c, d \in \mathbb{R}$ 且满足 $a \neq 0, b^2 + c^2 > 4ad$, 则圆周的方程 $a(x^2 + y^2) + bx + cy + d = 0$ 的复数形式为 ($\quad$).

5. 复参数方程 $z = 4t + 3t\mathrm{i}$ $(-\infty < t < \infty)$ 所确定曲线的实方程为 ($\quad$).

二、单项选择题 (每小题 2 分, 共 20 分)

1. 设 $m \in \mathbb{R}$. 若复数 $z = (m^2 - m - 2) + (m^2 - 5m + 6)\mathrm{i}$ 是纯虚数, 则 ($\quad$).

　　A. $m = 2$　　　B. $m = -1$　　　C. $m = 3$　　　D. $m = 2$ 或 -1

2. 已知 $(3x + 5y) + \mathrm{i}(6x - 9y) = 6 - 7\mathrm{i}$, 则 ($\quad$).

　A. $x = -\dfrac{1}{3}, y = -1$　　B. $x = 1, y = \dfrac{1}{3}$

　C. $x = \dfrac{1}{3}, y = 1$　　　D. $x = -1, y = -\dfrac{1}{3}$

3. 化简 $\dfrac{3-4\mathrm{i}}{3+4\mathrm{i}} = ($　$)$.

　A. $-\dfrac{7}{25} - \dfrac{24}{25}\mathrm{i}$　　B. $1 - \dfrac{24}{25}\mathrm{i}$　　C. $-\dfrac{7}{5} - \dfrac{24}{5}\mathrm{i}$　　D. $1 - \dfrac{24}{5}\mathrm{i}$

4. 复数 $z = (1+\sqrt{3}\mathrm{i})(1+\mathrm{i})$ 的指数表示式为 ( ).

　A. $2\sqrt{2}\mathrm{e}^{\mathrm{i}\left(\frac{\pi}{12}+2k\pi\right)}, k \in \mathbb{Z}$　　　B. $2\mathrm{e}^{\mathrm{i}\left(\frac{7\pi}{12}+2k\pi\right)}, k \in \mathbb{Z}$

　C. $\sqrt{2}\mathrm{e}^{\mathrm{i}\left(\frac{7\pi}{12}+2k\pi\right)}, k \in \mathbb{Z}$　　　D. $2\sqrt{2}\mathrm{e}^{\mathrm{i}\left(\frac{7\pi}{12}+2k\pi\right)}, k \in \mathbb{Z}$

5. 复数 $z = 2 - \sqrt{12}\mathrm{i}$ 的三角表示式为 ( ).

　A. $z = 4\left[\cos\left(-\dfrac{\pi}{3} + 2k\pi\right) + \mathrm{i}\sin\left(-\dfrac{\pi}{3} + 2k\pi\right)\right], k \in \mathbb{Z}$

　B. $z = 4\left[\cos\left(\dfrac{\pi}{3} + 2k\pi\right) + \mathrm{i}\sin\left(\dfrac{\pi}{3} + 2k\pi\right)\right], k \in \mathbb{Z}$

　C. $z = 4\left[\cos\left(-\dfrac{\pi}{6} + 2k\pi\right) + \mathrm{i}\sin\left(-\dfrac{\pi}{6} + 2k\pi\right)\right], k \in \mathbb{Z}$

　D. $z = 4\left[\cos\left(\dfrac{\pi}{6} + 2k\pi\right) + \mathrm{i}\sin\left(\dfrac{\pi}{6} + 2k\pi\right)\right], k \in \mathbb{Z}$

6. 下列复数是方程 $z^2 - 6z + 8 + \mathrm{i} = 0$ 的根的是 ( ).

　A. $z = 3 + \sqrt[4]{2}\left[\cos\dfrac{\pi}{8} - \mathrm{i}\sin\dfrac{\pi}{8}\right]$　　　B. $z = 3 - \sqrt[4]{2}\left[\cos\dfrac{\pi}{8} + \mathrm{i}\sin\dfrac{\pi}{8}\right]$

　C. $z = 3 - \sqrt{2}\left[\cos\dfrac{7\pi}{8} + \mathrm{i}\sin\dfrac{7\pi}{8}\right]$　　　D. $z = 3 - \sqrt{2}\left[\cos\dfrac{7\pi}{8} - \mathrm{i}\sin\dfrac{7\pi}{8}\right]$

7. 下列复数是 $\dfrac{1}{2}(\sqrt{2} + \sqrt{2}\mathrm{i})$ 的三次方根的是 ( ).

　A. $\dfrac{1}{2}\mathrm{e}^{\frac{3\pi}{4}\mathrm{i}}$　　B. $\dfrac{1}{2}\mathrm{e}^{\frac{\pi}{4}\mathrm{i}}$　　C. $\mathrm{e}^{\frac{3\pi}{4}\mathrm{i}}$　　D. $\mathrm{e}^{\frac{\pi}{4}\mathrm{i}}$

8. 集合 $D = \{z : 1 < |z| < 4\}$ 的如下表述最完全的是 ( ).

　A. D 是开集　　　　　　　B. D 是连通且有界的开集

　C. D 是有界的开集　　　　D. D 是连通的开集

9. 点集 $D = \{z : |z-2| + |z+2| \leqslant 5\}$ 是 ( ).

　A. 以 $(\pm 2, 0)$ 为焦点、$\dfrac{5}{2}$ 为长半轴的椭圆内部, 是开集

　B. 以 $(\pm 2, 0)$ 为焦点、5 为长半轴的椭圆面, 是闭集

　C. 以 $(\pm 2, 0)$ 为焦点、5 为长半轴的椭圆内部, 是开集

　D. 以 $(\pm 2, 0)$ 为焦点、$\dfrac{5}{2}$ 为长半轴的椭圆面, 是闭集

10. 四个不同点 z_1, z_2, z_3, z_4 的交比定义为 $\dfrac{z_3 - z_1}{z_3 - z_2} : \dfrac{z_4 - z_1}{z_4 - z_2}$. 若四点 z_1, z_2, z_3, z_4 共线, 则 ( ).

A. $\dfrac{z_3 - z_1}{z_3 - z_2} : \dfrac{z_4 - z_1}{z_4 - z_2}$ 是实数　　　B. $\dfrac{z_3 - z_1}{z_3 - z_2} : \dfrac{z_4 - z_1}{z_4 - z_2}$ 是纯虚数

C. $\dfrac{z_3 - z_1}{z_3 - z_2} : \dfrac{z_4 - z_1}{z_4 - z_2}$ 不是实数　　D. $\dfrac{z_3 - z_1}{z_3 - z_2} : \dfrac{z_4 - z_1}{z_4 - z_2}$ 不是纯虚数

三、(15 分) 证明:

(1) 设 $z = x + \mathrm{i}y \neq 0$ 且 $\dfrac{\bar{z}}{z} = a + \mathrm{i}b$, 则 $a^2 + b^2 = 1$.

(2) $\dfrac{z}{1 + z^2} \in \mathbb{R}$ 的充要条件为 $|z| = 1$ ($z \neq \pm \mathrm{i}$) 或 $\mathrm{Im}\, z = 0$.

四、(10 分) 设 n 是正整数, 若 $(1 + \mathrm{i})^n = (1 - \mathrm{i})^n$, 试求 n 的值.

五、(10 分) 化简: $(7 + 24\mathrm{i})^{\frac{1}{2}}$.

六、(15 分) 证明: $\dfrac{z_1}{z_2} \geqslant 0$ ($z_2 \neq 0$) $\Leftrightarrow |z_1 + z_1| = |z_1| + |z_1|$.

七、(15 分) 指明满足条件 $0 < \arg \dfrac{z-1}{z+1} < \dfrac{\pi}{6}$ 的 z 构成的点集. 若是区域, 指出其有界性与连通性.

第 2 章 复 变 函 数

2.1 复变函数的极限与连续性

2.1.1 复变函数的概念

定义 2.1.1 设 $E \subset \mathbb{C}$. 若有一法则 f, 使对 E 中的每一点 $z = x + \mathrm{i}y$ 都存在**唯一**的 $w = u + \mathrm{i}v \in \mathbb{C}$ 和它对应, 则称 f 为在 E 上定义了一个**复变数 (单值) 函数**或**单复变函数**, 简称**复变函数**或**复函数**, 记作 $w = f(z)$. z 称为**自变量**.

若有一法则 f, 使对 E 中的每一点 $z = x + \mathrm{i}y$, 存在**多个** $w = u + \mathrm{i}v \in \mathbb{C}$ 和它对应, 则称 f 为在 E 上定义了一个**复变数 (多值) 函数**.

称 E 为复函数 $w = f(z)$ 的**定义域**, $A = f(E) = \{f(z) : z \in E\}$ 称为复函数 $w = f(z)$ 的**值域**.

注 复函数等价于两个实变量的实函数. 若记 $z = x + \mathrm{i}y, w = u + \mathrm{i}v$, 则

$$w = \mathrm{Re}f(z) + \mathrm{iIm}f(z) = u(x, y) + \mathrm{i}v(x, y),$$

于是 $w = f(z)$ 等价于两个二元实函数 $u = u(x, y), v = v(x, y)$.

例 1 复函数 $w = z + 2, w = z^3$, $w = \bar{z}$ 和 $w = \dfrac{z^2 - 1}{z + 1}$ 都是 z 的复变数 (单值) 函数, 而 $w = \mathrm{Arg}\, z \ (z \neq 0)$ 和

$$w = z^{\frac{1}{3}}, \quad z \neq 0$$

都是 z 的复变数 (多值) 函数.

例 2 设 $w = f(z) = z^2$, 求 u, v.

解 令 $z = x + \mathrm{i}y, w = u + \mathrm{i}v$, 则由

$$u + \mathrm{i}v = z^2 = (x + \mathrm{i}y)^2 = x^2 - y^2 + \mathrm{i}2xy$$

得

$$u = x^2 - y^2, \quad v = 2xy,$$

即复函数 $w = z^2$ 等价于下列两个二元实函数:

$$u = x^2 - y^2, \quad v = 2xy. \qquad \Box$$

复函数 $w = f(z)$ 的图形不方便在一个坐标系中画出. 为了研究复函数 $w = f(z)$ 的几何性质, 取两张复平面, 分别称为 z **平面**和 w **平面**. 将复函数 $w = f(z)$ 理解为 z 平面上的点集 E 与 w 平面的对应关系, 也称为从点集 E 到 $\mathbb{C}$ 上的一个**映射**或**映照**. 从集合论的观点, 令 $A = \{f(z) : z \in E\}$, 记作 $A = f(E)$, 称映射 $w = f(z)$ 把任意的 $z_0 \in E$ 映射成为 $w_0 = f(z_0) \in A$, 把集 E 映射成集 A. 称 w_0 和 A 分别为 z_0 和 E 的**象**, 而称 z_0 和 E 分别为 w_0 和 A 的**原象**.

若 $w = f(z)$ 把 E 中不同的点映射成 A 中不同的点, 则称它是一个从 E 到 A 的**双射**.

例 3 设有复函数 $w = z^2$, 试问它将 z 平面上的双曲线 $x^2 - y^2 = 4$ 与 $xy = 2$ 分别映为 w 平面上的何种曲线?

解 由例 2 知复函数 $w = z^2$ 等价于下列两个实函数:

$$u = x^2 - y^2, \quad v = 2xy.$$

于是, 复函数 $w = z^2$ 将 z 平面上的双曲线 $x^2 - y^2 = 4$ 与 $xy = 2$ 分别映为 w 平面上的直线 $u = 4$ 和 $v = 4$ (图 2.1). □

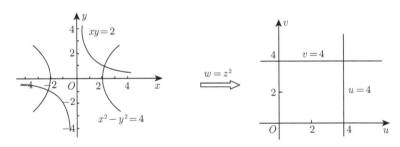

图 2.1

2.1.2 复变函数的极限

定义 2.1.2 设复函数 $w = f(z)$ 在点集 $E \subset \mathbb{C}$ 上有定义, z_0 为 E 的一个聚点, $\alpha \in \mathbb{C}$. 若对任意给定的 $\varepsilon > 0$, 存在 $\delta > 0$, 使当 $z \in E$ 且 $0 < |z - z_0| < \delta$ 时有

$$|f(z) - \alpha| < \varepsilon,$$

则称 α 为当 E 中的 z 趋于 z_0 时 $f(z)$ 的**极限**, 记作 $\lim\limits_{z \to z_0, z \in E} f(z) = \alpha$, 简记为

$$\lim_{z \to z_0} f(z) = \alpha.$$

注 (1) $\lim\limits_{z \to z_0, z \in E} f(z) = \alpha$ 的几何意义为 $\forall \varepsilon > 0, \exists \delta > 0$, 使当 $z \in E \cap U^\circ(z_0; \delta)$ 时, $f(z) \in U(\alpha; \varepsilon)$. z_0 可能属于 E, 也可能不属于 E.

(2) 极限 $\lim\limits_{z \to z_0, z \in E} f(z)$ 与 z 趋于 z_0 的方式无关, 本质上相当于数学分析中二元实函数的极限, 与一元实函数 $y = f(x)$ 的极限有很大区别.

(3) 复变函数 $w = f(z)$ 的极限有类似于数学分析中一元 (或多元) 实函数极限的性质, 如极限的唯一性、局部有界性、极限的四则运算 ($+, -, \times, \div$ (分母不为零)) 和复合运算等.

下面讨论复变函数极限与实函数极限的关系.

定理 2.1.1　设 $f(z) = u(x, y) + iv(x, y)$ 在点集 $E \subset \mathbb{C}$ 上有定义, $z_0 = x_0 + iy_0$ 为 E 的一个聚点, $\alpha = a + ib$, 则 $\lim\limits_{z \to z_0} f(z) = \alpha = a + ib$ 的充要条件为

$$\lim_{(x,y) \to (x_0, y_0)} u(x, y) = a \quad \text{且} \quad \lim_{(x,y) \to (x_0, y_0)} v(x, y) = b.$$

证明　因为 $f(z) - \alpha = [u(x, y) - a] + i[v(x, y) - b]$, 所以

$$|u(x, y) - a| \leqslant |f(z) - \alpha|, \quad |v(x, y) - b| \leqslant |f(z) - \alpha|, \tag{2.1.1}$$

$$|f(z) - \alpha| \leqslant |u(x, y) - a| + |v(x, y) - b|. \tag{2.1.2}$$

必要性　若 $\lim\limits_{z \to z_0} f(z) = \alpha$, 则 $\forall \varepsilon > 0, \exists \delta > 0$, 使当 $0 < |z - z_0| < \delta$ 时,

$$|f(z) - \alpha| < \varepsilon,$$

于是由 (2.1.1) 式可得, 当 $0 < \sqrt{(x - x_0)^2 + (y - y_0)^2} = |z - z_0| < \delta$ 时,

$$|u(x, y) - a| \leqslant |f(z) - \alpha| < \varepsilon, \quad |v(x, y) - b| \leqslant |f(z) - \alpha| < \varepsilon,$$

所以根据二元实函数极限的定义得

$$\lim_{(x,y) \to (x_0, y_0)} u(x, y) = a, \quad \lim_{(x,y) \to (x_0, y_0)} v(x, y) = b.$$

充分性　若 $\lim\limits_{(x,y) \to (x_0, y_0)} u(x, y) = a$ 且 $\lim\limits_{(x,y) \to (x_0, y_0)} v(x, y) = b$, 则 $\forall \varepsilon > 0, \exists \delta > 0$, 使当 $0 < \sqrt{(x - x_0)^2 + (y - y_0)^2} < \delta$ 时,

$$|u(x, y) - a| < \frac{\varepsilon}{2}, \quad |v(x, y) - b| < \frac{\varepsilon}{2},$$

于是由 (2.1.2) 式可得, 当 $0 < |z - z_0| = \sqrt{(x - x_0)^2 + (y - y_0)^2} < \delta$ 时,

$$|f(z) - \alpha| \leqslant |u(x, y) - a| + |v(x, y) - b| < \frac{\varepsilon}{2} + \frac{\varepsilon}{2} = \varepsilon,$$

所以根据复函数极限的定义得

$$\lim_{z \to z_0} f(z) = a + \mathrm{i}b = \alpha.$$ □

例 4 设 $f(z) = \dfrac{\overline{z}}{z}$, 试讨论极限 $\lim\limits_{z \to 0} f(z)$.

解 当 $z = x \to 0$ 时,

$$f(z) = \frac{x}{x} = 1 \to 1;$$

当 $z = \mathrm{i}y \to 0$ 时,

$$f(z) = \frac{-\mathrm{i}y}{\mathrm{i}y} = -1 \to -1 \neq 1,$$

所以依定义 2.1.2 得 $\lim\limits_{z \to 0} f(z)$ 不存在. □

例 5 试证

(1) $\lim\limits_{z \to z_0} \alpha = \alpha$, $\lim\limits_{z \to z_0} z = z_0$, 其中 α 为复常数;

(2) 设 $P(z) = a_0 z^n + a_1 z^{n-1} + \cdots + a_n$, 其中 $a_j \in \mathbb{C}$ $(j = 0, 1, \cdots, n), a_0 \neq 0$, 则 $\lim\limits_{z \to z_0} P(z) = P(z_0)$.

证明 (1) 令 $\alpha = a + \mathrm{i}b, z = x + \mathrm{i}y, z_0 = x_0 + \mathrm{i}y_0$, 则由数学分析的知识可得

$$\lim_{(x,y) \to (x_0,y_0)} a = a, \quad \lim_{(x,y) \to (x_0,y_0)} b = b, \quad \lim_{(x,y) \to (x_0,y_0)} x = x_0, \quad \lim_{(x,y) \to (x_0,y_0)} y = y_0,$$

所以由定理 2.1.1 得

$$\lim_{z \to z_0} \alpha = a + \mathrm{i}b = \alpha, \quad \lim_{z \to z_0} z = x_0 + \mathrm{i}y_0 = z_0.$$

(2) 由极限的四则运算得

$$\lim_{z \to z_0} P(z) = \lim_{z \to z_0} a_0 z^n + \lim_{z \to z_0} a_1 z^{n-1} + \cdots + \lim_{z \to z_0} a_n$$

$$= a_0 z_0^n + a_1 z_0^{n-1} + \cdots + a_n = P(z_0).$$ □

2.1.3 复变函数的连续性

定义 2.1.3 设复函数 $w = f(z)$ 在点集 $E \subset \mathbb{C}$ 上有定义, 并且 E 的聚点 $z_0 \in E$. 若

$$\lim_{z \to z_0, z \in E} f(z) = f(z_0), \tag{2.1.3}$$

则称复函数 $f(z)$ 在点 z_0 (相对于点集 E) **连续**.

若 $f(z)$ 在 E 上的每一聚点都连续, 则称 $f(z)$ **在点集 E 上连续**.

注 (1) 复函数 $f(z)$ 在点 z_0 连续的 ε-δ 定义为

$\forall \varepsilon > 0, \exists \delta > 0$, 使当 $z \in E \cap U(z_0; \delta)$ 时有

$$|f(z) - f(z_0)| < \varepsilon.$$

(2) 类似于实函数的连续性, 复函数的连续性也有四则运算 $(+, -, \times, \div$ (分母不为零)) 和复合函数的连续性质.

例 6 设 $E = \{z : |z| < 1\} \bigcup \{2\}$, 则易证复函数 $f(z) = z^2$ 在 E 上连续.

由定理 2.1.1 和定义 2.1.3 可得如下结论.

定理 2.1.2 设复函数 $f(z) = u(x, y) + \mathrm{i}v(x, y)$ 在 E 上有定义, $z_0 \in E$ 为 E 的一个聚点, 则 $f(z)$ 在 $z_0 = x_0 + \mathrm{i}y_0$(相对于点集 E) 连续的充分必要条件为 $u(x, y), v(x, y)$(相对于点集 E) 在点 (x_0, y_0) 都连续.

例 7 试证明复函数 $f(z) = \ln(x^2 + y^2) + \mathrm{i}(x^2 - y^2)$ 在复平面上除原点外处处连续.

证明 令 $f(z) = u + \mathrm{i}v$, 则

$$u = \ln(x^2 + y^2), \quad v = x^2 - y^2.$$

因为 $u = \ln(x^2 + y^2)$ 除原点 $(0, 0)$ 外处处连续, $v = x^2 - y^2$ 处处连续, 所以根据定理 2.1.2 得 $f(z)$ 在复平面上除原点外处处连续.   □

例 8 求证 $f(z) = \arg z \ (z \neq 0)$ 在整个复平面除去原点和负实轴的区域上连续, 在原点和负实轴上每一点都不连续, 其中 $\arg z$ 为辐角函数 $\mathrm{Arg}\, z$ 的主值, 满足 $-\pi < \arg z \leqslant \pi$.

证明 (1) 由于 $f(z) = \arg z$ 在 $z = 0$ 处没有定义, 自然它在原点不连续.

(2) 当 $z = x_1$ 在负实轴上时, 因为

$$\lim_{z \to x_1, \mathrm{Im}z \geqslant 0} \arg z = \pi, \qquad \lim_{z \to x_1, \mathrm{Im}z < 0} \arg z = -\pi,$$

所以 $\lim\limits_{z \to x_1} \arg z$ 不存在, 因此, $f(z) = \arg z$ 在负实轴上每一点都不连续.

(3) 当 $z_0 \in \mathbb{C} \backslash \{z : \mathrm{Re}\, z \leqslant 0, \mathrm{Im}\, z = 0\}$ 时, 存在 $\varepsilon_0 \in \left(0, \dfrac{\pi}{2}\right)$, 使得角域

$$\arg z_0 - \varepsilon_0 < \theta < \arg z_0 + \varepsilon_0$$

与负实轴不相交.

任取 $\varepsilon \in (0, \varepsilon_0)$, 则如图 2.2 所示, 存在 $\delta = |z_0| \sin \varepsilon > 0$, 此时 z_0 的邻域 $U(z_0; \delta)$ 包含在角域 $\{z : \arg z_0 - \varepsilon < \theta < \arg z_0 + \varepsilon\}$ 内, 所以当 $z \in U(z_0; \delta)$ 时有

$$|\arg z - \arg z_0| < \varepsilon.$$

因此, $f(z)$ 在 z_0 处连续.

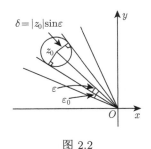

图 2.2

由于 z_0 是任意的, 故 $f(z)$ 在复平面除去原点和负实轴的区域上连续. □

注 例 8 也可以应用 (1.1.3) 式, 利用实的反三角函数的连续性来证明.

例 9 设 $f(z)$ 在 z_0 处连续且 $f(z_0) \neq 0$, 试证明: 存在 $\delta > 0$, 使 $\forall z \in U(z_0; \delta)$ 有 $f(z) \neq 0$.

证明 由于 $f(z)$ 在 z_0 处连续及 $f(z_0) \neq 0$, 所以根据连续的 ε-δ 定义得, 对于 $\varepsilon = \frac{1}{2}|f(z_0)| > 0$, 存在 $\delta > 0$, 使当 $z \in U(z_0; \delta)$ 时有

$$|f(z) - f(z_0)| < \varepsilon = \frac{1}{2}|f(z_0)|,$$

因此, 当 $z \in U(z_0; \delta)$ 时有

$$|f(z)| \geqslant |f(z_0)| - |f(z) - f(z_0)| > |f(z_0)| - \frac{1}{2}|f(z_0)| = \frac{1}{2}|f(z_0)| > 0,$$

故 $\forall z \in U(z_0; \delta)$ 有 $f(z) \neq 0$. □

下面讨论有界闭集 E 上连续复函数的性质, 为此先给出一致连续性的定义.

定义 2.1.4 设复函数 $w = f(z)$ 在 E 上有定义, 若 $\forall \varepsilon > 0, \exists \delta = \delta(\varepsilon) > 0$, 使当 $z', z'' \in E$ 且 $|z' - z''| < \delta$ 时, $|f(z') - f(z'')| < \varepsilon$, 则称 $f(z)$ 在 E 上**一致连续**.

显然, 复函数 $w = f(z)$ 在 E 上一致连续必在 E 上连续.

类似于定理 2.1.2, 关于一致连续有如下结果.

定理 2.1.3 复函数 $w = f(z) = u(x, y) + \mathrm{i}v(x, y)$ 在 E 上一致连续的充分必要条件为 $u(x, y), v(x, y)$ 都在 E 上一致连续.

定理 2.1.4 设复函数 $w = f(z)$ 在有界闭集 E 上连续, 则它在 E 上一致连续.

证明 设 $w = f(z) = u(x,y) + iv(x,y)$, 则

$$u = u(x,y), \quad v = v(x,y).$$

于是根据定理 2.1.2 可得 $u = u(x,y)$ 和 $v = v(x,y)$ 都在 E 上连续, 而 E 是有界闭集, 所以由数学分析的结论得 $u = u(x,y)$ 和 $v = v(x,y)$ 都在 E 上一致连续. 因此, 根据定理 2.1.3 得 $f(z) = u(x,y) + iv(x,y)$ 在 E 上一致连续. □

定理 2.1.5 设复函数 $f(z)$ 在有界闭集 E 上连续, 则 $f(z)$ 在 E 上有界, 即 $|f(z)| = \sqrt{[u(x,y)]^2 + [v(x,y)]^2}$ 在集 E 上有界.

定理 2.1.6 设复函数 $f(z)$ 在有界闭集 E 上连续, 则 $|f(z)|$ 在 E 上达到它的最大值与最小值, 此时也称复函数 $f(z)$ 在 E 上达到它的最大模与最小模.

习 题 2.1

1. 设有复函数 $w = z^2$, 试问它将 z 平面上的如下曲线分别映为 w 平面上的何种曲线?

(1) 以原点为中心、3 为半径的圆周在第二象限的部分;

(2) 射线 $\arg z = \dfrac{\pi}{3}$;

(3) 直线 $\theta = \dfrac{\pi}{6}$, 即指直线与实轴正向夹角为 $\theta = \dfrac{\pi}{6}$.

2. 设 $f(z) = \dfrac{z}{\bar{z}} - \dfrac{\bar{z}}{z}$, 试讨论复函数的极限 $\lim\limits_{z \to 0} f(z)$.

3. (复函数极限的局部有界性) 设 $\lim\limits_{z \to z_0} f(z) = \alpha$, 试证明存在 $\delta > 0$, 使 $f(z)$ 在 $U^\circ(z_0; \delta)$ 内有界.

4. 试证明复函数 $f(z) = |z|$ 与 $g(z) = \bar{z}$ 都在 z 平面上连续.

5. 证明定理 2.1.3.

6. 证明定理 2.1.5.

7. 证明定理 2.1.6.

2.2 解 析 函 数

2.2.1 复函数的导数

1. 可导的概念

定义 2.2.1 设复函数 $w = f(z)$ 是在区域 D 内有定义的单值函数, 并且 $z_0 \in D$. 若极限

$$\lim_{z \to z_0, z \in D} \frac{f(z) - f(z_0)}{z - z_0}$$

存在, 则称 $f(z)$ 在 z_0 处**可导**或**可微**, 并称这个极限值为 $f(z)$ 在 z_0 处的**导数**, 记作 $f'(z_0)$, 即

$$f'(z_0) = \lim_{z \to z_0, z \in D} \frac{f(z) - f(z_0)}{z - z_0}. \tag{2.2.1}$$

令 $\alpha = f'(z_0)$, 则定义 2.2.1 也可以用 ε-δ 语言叙述如下: 对任意给定的 $\varepsilon > 0$, 存在 $\delta > 0$, 使当 $z \in D$ 且 $0 < |z - z_0| < \delta$ 时有

$$\left| \frac{f(z) - f(z_0)}{z - z_0} - \alpha \right| < \varepsilon.$$

例 1 设 $f(z) = z^n \, (n \in \mathbb{N}_+ = \{1, 2, \cdots\})$, 求 $f(z)$ 的导数.

解 任意取定 $z \in \mathbb{C}$, 因为当 $\Delta z \neq 0$ 时有

$$\begin{aligned}
\frac{f(z + \Delta z) - f(z)}{\Delta z} &= \frac{(z + \Delta z)^n - z^n}{\Delta z} \\
&= \mathrm{C}_n^1 z^{n-1} + \mathrm{C}_n^2 z^{n-2} \Delta z + \cdots + \mathrm{C}_n^n (\Delta z)^{n-1},
\end{aligned}$$

所以

$$\begin{aligned}
f'(z) &= \lim_{\Delta z \to 0} \frac{f(z + \Delta z) - f(z)}{\Delta z} \\
&= \lim_{\Delta z \to 0} (nz^{n-1} + \mathrm{C}_n^2 z^{n-2} \Delta z + \cdots + \mathrm{C}_n^n (\Delta z)^{n-1}) = nz^{n-1}. \qquad \square
\end{aligned}$$

2. 复函数的求导法则

显然, 复函数 $w = f(z)$ 在点 z_0 可导的定义与实函数 $y = f(x)$ 在点 x_0 可导的定义完全类似, 所以在点 z_0 有导数的复函数一定在 z_0 处连续, 并且复函数 $w = f(z)$ 的导数有与实函数的导数类似的求导法则.

(1) $(\alpha)' = 0$, 其中 α 为复常数;

(2) $(z^n)' = nz^{n-1}$, 其中 $n \in \mathbb{N}_+$;

(3) $[f(z) \pm g(z)]' = f'(z) \pm g'(z)$;

(4) $[f(z) \, g(z)]' = f'(z) \, g(z) + f(z) \, g'(z)$;

(5) $\left[\dfrac{f(z)}{g(z)} \right]' = \dfrac{f'(z)g(z) - f(z)g'(z)}{g^2(z)}$;

(6) $\dfrac{\mathrm{d}F(f(z))}{\mathrm{d}z} = \dfrac{\mathrm{d}F(\zeta)}{\mathrm{d}\zeta} \times \dfrac{\mathrm{d}f(z)}{\mathrm{d}z}$, 其中 $\zeta = f(z)$.

前面介绍了复函数在一点的导数, 在复变函数理论中, 更重要的是研究在一个区域内可导的复函数的性质. 为此, 下面介绍解析函数.

2.2.2 解析函数的概念

定义 2.2.2 (1) 若 $f(z)$ 在区域 D 内每一点可微, 则称 $f(z)$ **在区域 D 内解析**;

(2) 若 $f(z)$ 在点 z_0 的一个邻域内解析, 则称 $f(z)$ **在 z_0 处解析**;

(3) 若存在区域 G, 使得闭区域 $\overline{D} \subset G$, 并且 $f(z)$ 在区域 G 内解析, 则称 $f(z)$ **在 $\overline{D}$ 上解析**.

注 (1) 实函数 $y = f(x)$ 在区间 (a,b) 内可导意味着其导函数 $f'(x)$ 在 (a,b) 内存在, 但推不出其二阶导函数 $f''(x)$ 在 (a,b) 内存在. 复函数 $f(z)$ 在区域 D 内每一点可微 (即在区域 D 内解析) 隐含着 $w = f(z)$ 在区域 D 内每一点有任意阶导数 (第 3 章将证明这一结论). 这正是 $f(z)$ **在区域 D 内解析**的本质.

(2) 复函数 $f(z)$ 在一区域内或一闭区域上解析**等价于** $f(z)$ 在这一区域内或闭区域上每一点解析. 复函数 $f(z)$ 的导 (函) 数记作 $f'(z)$, $\dfrac{\mathrm{d}f(z)}{\mathrm{d}z}$ 或 $\dfrac{\mathrm{d}f}{\mathrm{d}z}$.

(3) 可微与可导是**点态的**, 是局部性质, 而解析是**区域性的**.

根据求导法则和解析的定义, 易得解析函数的如下运算法则.

定理 2.2.1 (四则运算) 设复函数 $f(z)$ 与 $g(z)$ 都在区域 D 内解析, 则

(1) $f(z) + g(z)$, $f(z) - g(z)$, $f(z) \cdot g(z)$ 在区域 D 内解析;

(2) 当 $g(z) \neq 0$ $(z \in D)$ 时, $\dfrac{f(z)}{g(z)}$ 也在区域 D 内解析.

定理 2.2.2 (复合运算) 设复函数 $\zeta = f(z)$ 在 z 平面上的区域 D 内解析, $w = F(\zeta)$ 在 ζ 平面上的区域 D_1 内解析且 $f(D) \subset D_1$, 则复合函数 $w = F(f(z))$ 在区域 D 内解析.

利用求导法则和以上定理及定义, 易得如下几个简单而重要的解析函数例子:

(1) 常值函数 $f(z) \equiv \alpha$ 在整个复平面 $\mathbb{C}$ 上解析;

(2) 幂函数 $f(z) = z^n (n \in \mathbb{N}_+)$ 在整个复平面 $\mathbb{C}$ 上解析;

(3) z 的 n 次多项式 $P(z) = \alpha_0 + \alpha_1 z + \cdots + \alpha_n z^n$ 在整个复平面 $\mathbb{C}$ 上解析, 并且

$$P'(z) = \alpha_1 + 2\alpha_2 z + \cdots + n\alpha_n z^{n-1};$$

(4) 在复平面 $\mathbb{C}$ 上, 有理函数 $R(z) = \dfrac{P(z)}{Q(z)}$ 除去使 $Q(z) = 0$ 的点外是解析的.

例 2 讨论复函数 $f(z) = \dfrac{1}{z^n}$ $(n \in \mathbb{N}_+)$ 的解析性.

解 因为对于任意 $n \in \mathbb{N}_+$, 复函数 $w = z^n$ 在 z 平面上解析, 常值函数

$w = 1$ 也在 z 平面上解析, 所以根据定理 2.2.1 得复函数 $f(z) = \dfrac{1}{z^n} \ (n \in \mathbb{N}_+)$ 在 z 平面上除去原点外解析, 在原点没有定义, 当然不解析. $\qquad\square$

定义 2.2.3 若 $f(z)$ 在点 z_0 不解析, 则称 z_0 为 $f(z)$ 的**奇点**.

例如, $z = 0$ 是 $w = \dfrac{1}{z^2}$ 的奇点, 而使 $Q(z) = 0$ 的点都是有理函数 $R(z) = \dfrac{P(z)}{Q(z)}$ 的奇点.

2.2.3 复函数可导与解析的条件

在形式上, 复函数的导数及其运算法则与实函数几乎没什么不同, 但是在本质上, 两者之间有很大的差别. 实函数可微这一条件较易满足, 若复变函数可微则不但其实部及虚部必须可微, 而且这两个实函数之间必须有**特别的联系**.

定理 2.2.3 设复函数 $w = f(z) = u(x, y) + \mathrm{i}v(x, y)$ 在区域 D 内有定义, 则 $f(z)$ 在点 $z_0 = x_0 + \mathrm{i}y_0 \in D$ 可微的充分必要条件为在点 $z_0 = x_0 + \mathrm{i}y_0$ 处, $u(x, y)$ 与 $v(x, y)$ 都可微, 并且满足

$$\frac{\partial u}{\partial x} = \frac{\partial v}{\partial y}, \quad \frac{\partial u}{\partial y} = -\frac{\partial v}{\partial x}. \tag{2.2.2}$$

此时,

$$f'(z_0) = \left[\frac{\partial u}{\partial x} + \mathrm{i}\frac{\partial v}{\partial x} \right]_{z_0} = \left[\frac{\partial v}{\partial y} - \mathrm{i}\frac{\partial u}{\partial y} \right]_{z_0}. \tag{2.2.3}$$

条件 (2.2.2) 称为 **Cauchy**(柯西)**-Riemann**(黎曼) 条件, 简称 C-R 条件.

证明 必要性 若 $f(z)$ 在点 $z_0 = x_0 + \mathrm{i}y_0 \in D$ 可微. 设 $f'(z_0) = \alpha$, 则由导数的定义知

$$\lim_{\Delta z \to 0, z_0 + \Delta z \in D} \frac{f(z_0 + \Delta z) - f(z_0)}{\Delta z} = \alpha.$$

于是当 $z_0 + \Delta z \in D \ (\Delta z \neq 0)$ 时,

$$f(z_0 + \Delta z) - f(z_0) = \alpha \cdot \Delta z + o(\Delta z).$$

令 $\alpha = a + \mathrm{i}b$, $\Delta z = \Delta x + \mathrm{i}\Delta y$, $o(\Delta z) = o_{\mathrm{R}}(|\Delta z|) + \mathrm{i}o_{\mathrm{I}}(|\Delta z|)$, 其中

$$o_{\mathrm{R}}(|\Delta z|) = \operatorname{Re} o(\Delta z), \quad o_{\mathrm{I}}(|\Delta z|) = \operatorname{Im} o(\Delta z)$$

和

$$\lim_{\Delta z \to 0} \frac{o_{\mathrm{R}}(|\Delta z|)}{|\Delta z|} = \lim_{\Delta z \to 0} \frac{o_{\mathrm{I}}(|\Delta z|)}{|\Delta z|} = 0,$$

则

$$f(z_0 + \Delta z) - f(z_0) = (a + \mathrm{i}b)(\Delta x + \mathrm{i}\Delta y) + o_{\mathrm{R}}(|\Delta z|) + \mathrm{i}o_{\mathrm{I}}(|\Delta z|), \quad |\Delta z| \to 0.$$

比较上式两边的实部与虚部得

$$u(x_0 + \Delta x, y_0 + \Delta y) - u(x_0, y_0) = a\Delta x - b\Delta y + o_{\mathrm{R}}(|\Delta z|), \quad \Delta z \to 0, \quad (2.2.4)$$

$$v(x_0 + \Delta x, y_0 + \Delta y) - v(x_0, y_0) = b\Delta x + a\Delta y + o_{\mathrm{I}}(|\Delta z|), \quad \Delta z \to 0. \quad (2.2.5)$$

所以在点 $z_0 = x_0 + \mathrm{i}y_0$ 处, $u(x,y)$ 及 $v(x,y)$ 都可微且满足

$$\frac{\partial u}{\partial x} = a, \quad \frac{\partial u}{\partial y} = -b, \quad \frac{\partial v}{\partial x} = b, \quad \frac{\partial v}{\partial y} = a.$$

由此可推出 (2.2.2) 式, 即必要性得证.

充分性 将以上过程逆推可得充分性. □

根据数学分析的有关结论知, 二元实函数的两个偏导数都连续可推出其可微性, 于是有如下结论.

推论 2.2.1(可微的充分条件) 设 $f(z) = u(x,y) + \mathrm{i}v(x,y)$ 在区域 D 内有定义, $z_0 \in D$, 则 $f(z)$ 在点 $z_0 = x_0 + \mathrm{i}y_0$ 可微的充分条件为

(1) u_x, u_y, v_x, v_y 在点 (x_0, y_0) 连续;

(2) $u(x,y), v(x,y)$ 在点 (x_0, y_0) 满足 C-R 条件 (2.2.2).

由定理 2.2.3 和定义 2.2.2 立即可以推出以下定理.

定理 2.2.4 设 $w = f(z) = u(x,y) + \mathrm{i}v(x,y)$ 在区域 D 内有定义, 则 $f(z)$ 在区域 D 内解析的充分必要条件为 $u(x,y)$ 与 $v(x,y)$ 都在 D 内可微, 并且在 D 内满足 C-R 条件 (2.2.2).

在 $f(z)$ 有导数的情况下有

$$f'(z) = \frac{\partial u}{\partial x} + \mathrm{i}\frac{\partial v}{\partial x} = \frac{\partial v}{\partial y} - \mathrm{i}\frac{\partial u}{\partial y}.$$

由定义 2.2.2 和推论 2.2.1 可得如下结论.

推论 2.2.2 设 $f(z) = u(x,y) + \mathrm{i}v(x,y)$ 在区域 D 内解析的充分条件为 u_x, u_y, v_x, v_y 都在 D 内连续且满足 C-R 条件.

注 推论 2.2.2 在**本质上**是充要条件, 其必要性将在第 3 章证明, 所以推论 2.2.2 是判断复变函数解析 "**最好用**" 的条件.

例 3 试证明 $f(z) = \mathrm{e}^x \cos y + \mathrm{i}\mathrm{e}^x \sin y$ 在 z 平面上解析, 并且 $f'(z) = f(z)$.

证明 令 $f(z) = u(x, y) + \mathrm{i}v(x, y)$, 则 $u(x, y) = \mathrm{e}^x \cos y, v(x, y) = \mathrm{e}^x \sin y.$ 于是有

$$u_x = \mathrm{e}^x \cos y, \quad u_y = -\mathrm{e}^x \sin y, \quad v_x = \mathrm{e}^x \sin y, \quad v_y = \mathrm{e}^x \cos y.$$

显然, u_x, u_y, v_x, v_y 在 z 平面上处处连续且满足 C-R 条件. 根据推论 2.2.2 得 $f(z)$ 在 z 平面上解析且

$$f'(z) = u_x + \mathrm{i}v_x = \mathrm{e}^x \cos y + \mathrm{i}\mathrm{e}^x \sin y = f(z). \qquad \square$$

例 4 设 $f(z) = x^2 + ay^2 + \mathrm{i} \cdot 2xy$, 试根据实常数 a 的取值情况讨论 $f(z)$ 的可微性与解析性.

解 令 $f(z) = u(x, y) + \mathrm{i}v(x, y)$, 则 $u(x, y) = x^2 + ay^2, v(x, y) = 2xy.$ 于是

$$u_x = 2x, \quad u_y = 2ay, \quad v_x = 2y, \quad v_y = 2x.$$

显然, u_x, u_y, v_x, v_y 在 z 平面上处处连续且 $u_x = v_y = 2x.$

另一方面, 由 $u_y = -v_x$ 得 $(a+1)y = 0$, 于是 $a = -1$ 或 $a \neq -1, y = 0.$ 下面分两种情况讨论.

(1) 当 $a = -1$ 时, $u(x, y), v(x, y)$ 处处满足 C-R 条件. 由推论 2.2.1 和推论 2.2.2, $f(z)$ 在 z 平面上处处可微、处处解析.

(2) 当 $a \neq -1$ 时, $u(x, y), v(x, y)$ 仅在直线 $y = 0$ 上满足 C-R 条件, 故 $f(z)$ 仅在直线 $y = 0$ 上可微, 在 $y \neq 0$ 处不可微, 从而根据解析的定义, $f(z)$ 在 z 平面上处处不解析. $\qquad \square$

例 5 试证明 $f(z) = \bar{z} = x - \mathrm{i}y$ 在 z 平面上处处不可微.

证明 设 $f(z) = u(x, y) + \mathrm{i}v(x, y)$, 则 $u(x, y) = x, v(x, y) = -y.$ 于是

$$u_x = 1, \quad u_y = 0 = v_x, \quad v_y = -1,$$

所以 $u(x, y), v(x, y)$ 处处不满足 C-R 条件 $(u_x \neq v_y)$, 因此, 由定理 2.2.3 得 $f(z) = \bar{z}$ 在 z 平面上处处不可微, 当然也处处不解析. $\qquad \square$

推论 2.2.3 设 $f(z)$ 在区域 D 内解析且 $f'(z) \equiv 0$, 则 $f(z) \equiv c \, (\forall z \in D).$

证明 令 $f(z) = u(x, y) + \mathrm{i}v(x, y)$, 则由题设有

$$f'(z) = u_x + \mathrm{i}v_x = v_y - \mathrm{i}u_y \equiv 0,$$

所以 $u_x = v_x = u_y = v_y \equiv 0.$ 利用数学分析的结论 (若二元实函数 $u(x, y)$ 在区域 D 内满足 $u_x = u_y \equiv 0$, 则 $u(x, y)$ 在 D 内恒为常数), $u(x, y), v(x, y)$ 都在 D 内恒为常数. 故

$$f(z) = u(x, y) + \mathrm{i}v(x, y) \equiv c, \quad z \in D. \qquad \square$$

习　题　2.2

1. 设复函数 $w = f(z)$ 在点 z_0 可导, 试证明复函数 $w = f(z)$ 在点 z_0 连续.

2. 试讨论下列复函数在 z 平面上的可微性与解析性:

(1) $f(z) = |z|^2$;　　　(2) $g(z) = x^2 + \mathrm{i}y^3$;

(3) $h(z) = x^3 - 3xy^2 + \mathrm{i}(ax^2y - y^3)$, 其中 a 为实常数;

(4) $k(z) = a\,x^2 - y^2 + \mathrm{i} \cdot 2xy$, 其中 a 为实常数.

3. 试证明下列复函数在 z 平面上处处不可微:

(1) $f(z) = \mathrm{Re}\, z$;　　　(2) $g(z) = \dfrac{1}{z}$;

(3) $h(z) = \mathrm{Im}\, z$;　　　(4) $k(z) = |z|$.

4. 设复函数 $w = f(z)$ 在区域 D 内解析, 并且满足如下条件之一, 试证明复函数 $w = f(z)$ 在区域 D 内恒为常数.

(1) $\mathrm{Re} f(z)$ 在区域 D 内恒为常数;

(2) $\mathrm{Im} f(z)$ 在区域 D 内恒为常数;

(3) $|f(z)|$ 在区域 D 内恒为常数;

(4) $\overline{f(z)}$ 也在区域 D 内解析.

5. 设复函数 $f(z)$ 在上半平面解析, 试证明 $\overline{f(\overline{z})}$ 在下半平面解析.

6. 试证明复函数 $w = f(z)$ 在极坐标下的 C-R 条件为

$$\frac{\partial u}{\partial r} = \frac{1}{r}\frac{\partial v}{\partial \theta}, \qquad \frac{\partial u}{\partial \theta} = -r\frac{\partial v}{\partial r}.$$

2.3　初　等　函　数

2.3.1　初等解析函数

1. 指数函数

定义 2.3.1　对于 $z = x + \mathrm{i}y$, 定义**复的指数函数**为

$$\mathrm{e}^z = \mathrm{e}^x(\cos y + \mathrm{i}\sin y).$$

特别地, 当 $x = 0$ 时得 Euler 公式

$$\mathrm{e}^{\mathrm{i}y} = \cos y + \mathrm{i}\sin y.$$

由此可得复数的指数表示式 $z = r\mathrm{e}^{\mathrm{i}\theta}$, 其中 $r = |z|$, θ 为 z 的任一辐角.

复的指数函数有如下基本性质:

(1) e^z 是单值函数, 并且对任意的 $x \in \mathbb{R}$, $\mathrm{e}^z|_{z=x} = \mathrm{e}^x$, 即复指数函数 e^z 是实指数函数 e^x 在复平面上的推广.

(2) e^z 在复平面 $\mathbb{C}$ 上解析且 $(\mathrm{e}^z)' = \mathrm{e}^z$(由 2.2 节的例 3).

(3) 对任意的 $z_1, z_2 \in \mathbb{C}$ 有 $\mathrm{e}^{z_1+z_2} = \mathrm{e}^{z_1} \cdot \mathrm{e}^{z_2}$.

事实上, 令 $z_1 = x_1 + \mathrm{i}y_1$, $z_2 = x_2 + \mathrm{i}y_2$, 则

$$\begin{aligned}
\mathrm{e}^{z_1} \cdot \mathrm{e}^{z_2} &= \mathrm{e}^{x_1}(\cos y_1 + \mathrm{i}\sin y_1) \cdot \mathrm{e}^{x_2}(\cos y_2 + \mathrm{i}\sin y_2) \\
&= \mathrm{e}^{x_1} \cdot \mathrm{e}^{x_2}(\cos y_1 + \mathrm{i}\sin y_1) \cdot (\cos y_2 + \mathrm{i}\sin y_2) \\
&= \mathrm{e}^{x_1+x_2}[\cos(y_1 + y_2) + \mathrm{i}\sin(y_1 + y_2)] = \mathrm{e}^{z_1+z_2}.
\end{aligned}$$

(4) e^z 以 $2\pi\mathrm{i}$ 为周期, 即对任意的 $z \in \mathbb{C}$ 有 $\mathrm{e}^{z+2\pi\mathrm{i}} = \mathrm{e}^z$.

同样地, 对任意的 $k \in \mathbb{Z}$,

$$\mathrm{e}^{z+2k\pi\mathrm{i}} = \mathrm{e}^z, \quad \forall z \in \mathbb{C}.$$

进一步有 $\mathrm{e}^{z_1} = \mathrm{e}^{z_2} \Leftrightarrow z_1 = z_2 + 2k\pi\mathrm{i}$, 对某个 $k \in \mathbb{Z}$.

事实上, 令 $z_1 = x_1 + \mathrm{i}y_1$, $z_2 = x_2 + \mathrm{i}y_2$, 则有

$$\begin{aligned}
\mathrm{e}^{z_1} = \mathrm{e}^{z_2} &\Leftrightarrow \mathrm{e}^{x_1}(\cos y_1 + \mathrm{i}\sin y_1) = \mathrm{e}^{x_2}(\cos y_2 + \mathrm{i}\sin y_2) \\
&\Leftrightarrow x_1 = x_2, y_1 = y_2 + 2k\pi \quad (\text{对某个 } k \in \mathbb{Z}) \\
&\Leftrightarrow z_1 = z_2 + 2k\pi\mathrm{i} \quad (\text{对某个 } k \in \mathbb{Z}).
\end{aligned}$$

(5) 对任意的 $z \in \mathbb{C}$, $\mathrm{e}^z \neq 0$ 且 $|\mathrm{e}^z| = \mathrm{e}^{\mathrm{Re}\,z}$, $\mathrm{Arg}\,\mathrm{e}^z = \mathrm{Im}\,z + 2k\pi$ $(k \in \mathbb{Z})$.

2. 三角函数

根据 Euler 公式, 对任何实数 x 有

$$\mathrm{e}^{\mathrm{i}x} = \cos x + \mathrm{i}\sin x, \quad \mathrm{e}^{-\mathrm{i}x} = \cos x - \mathrm{i}\sin x,$$

所以

$$\cos x = \frac{\mathrm{e}^{\mathrm{i}x} + \mathrm{e}^{-\mathrm{i}x}}{2}, \quad \sin x = \frac{\mathrm{e}^{\mathrm{i}x} - \mathrm{e}^{-\mathrm{i}x}}{2\mathrm{i}}.$$

因此, 对任何复数 z, 定义**余弦函数**和**正弦函数**如下:

$$\cos z = \frac{\mathrm{e}^{\mathrm{i}z} + \mathrm{e}^{-\mathrm{i}z}}{2}, \quad \sin z = \frac{\mathrm{e}^{\mathrm{i}z} - \mathrm{e}^{-\mathrm{i}z}}{2\mathrm{i}}, \tag{2.3.1}$$

则对任何复数 z, Euler 公式也成立:

$$\mathrm{e}^{\mathrm{i}z} = \cos z + \mathrm{i}\sin z. \tag{2.3.2}$$

复三角函数有如下基本性质:

(1) $\cos z$ 和 $\sin z$ 都是单值函数, 并且对任意的 $x \in \mathbb{R}$ 有

$$\cos z|_{z=x} = \cos x, \quad \sin z|_{z=x} = \sin x.$$

(2) $\cos z$ 和 $\sin z$ 在复平面 $\mathbb{C}$ 上解析且

$$(\cos z)' = -\sin z, \quad (\sin z)' = \cos z.$$

事实上,

$$\frac{\mathrm{d}\cos z}{\mathrm{d}z} = \frac{\mathrm{d}}{\mathrm{d}z}\frac{\mathrm{e}^{\mathrm{i}z} + \mathrm{e}^{-\mathrm{i}z}}{2} = \frac{\mathrm{i}\mathrm{e}^{\mathrm{i}z} - \mathrm{i}\mathrm{e}^{-\mathrm{i}z}}{2} = -\frac{\mathrm{e}^{\mathrm{i}z} - \mathrm{e}^{-\mathrm{i}z}}{2\mathrm{i}} = -\sin z,$$

$$\frac{\mathrm{d}\sin z}{\mathrm{d}z} = \frac{\mathrm{d}}{\mathrm{d}z}\frac{\mathrm{e}^{\mathrm{i}z} - \mathrm{e}^{-\mathrm{i}z}}{2\mathrm{i}} = \frac{\mathrm{i}\mathrm{e}^{\mathrm{i}z} + \mathrm{i}\mathrm{e}^{-\mathrm{i}z}}{2\mathrm{i}} = \frac{\mathrm{e}^{\mathrm{i}z} + \mathrm{e}^{-\mathrm{i}z}}{2} = \cos z.$$

(3) $\cos z$ 是偶函数, $\sin z$ 是奇函数 (可用 (2.3.1) 式直接验证).

(4) $\cos z$ 和 $\sin z$ 是以 2π 为周期的周期函数.

(5) $$\sin(z_1 \pm z_2) = \sin z_1 \cos z_2 \pm \cos z_1 \sin z_2,$$
$$\cos(z_1 \pm z_2) = \cos z_1 \cos z_2 \mp \sin z_1 \sin z_2.$$

事实上, 因为

$$\cos z_1 \sin z_2 = \frac{\mathrm{e}^{\mathrm{i}z_1} + \mathrm{e}^{-\mathrm{i}z_1}}{2} \cdot \frac{\mathrm{e}^{\mathrm{i}z_2} - \mathrm{e}^{-\mathrm{i}z_2}}{2\mathrm{i}}$$

$$= \frac{1}{4\mathrm{i}}\left[\mathrm{e}^{\mathrm{i}(z_1+z_2)} - \mathrm{e}^{\mathrm{i}(z_1-z_2)} + \mathrm{e}^{\mathrm{i}(z_2-z_1)} - \mathrm{e}^{-\mathrm{i}(z_1+z_2)}\right],$$

$$\sin z_1 \cos z_2 = \frac{1}{4\mathrm{i}}\left[\mathrm{e}^{\mathrm{i}(z_1+z_2)} - \mathrm{e}^{\mathrm{i}(z_2-z_1)} + \mathrm{e}^{\mathrm{i}(z_1-z_2)} - \mathrm{e}^{-\mathrm{i}(z_1+z_2)}\right],$$

所以

$$\sin z_1 \cos z_2 + \cos z_1 \sin z_2 = \frac{1}{2\mathrm{i}}\left[\mathrm{e}^{\mathrm{i}(z_1+z_2)} - \mathrm{e}^{-\mathrm{i}(z_1+z_2)}\right] = \sin(z_1 + z_2).$$

类似可导出其他等式.

(6) $\sin^2 z + \cos^2 z = 1$.

注　根据 $\cos z, \sin z$ 的定义, 由此不能得到

$$|\cos z| \leqslant 1, \quad |\sin z| \leqslant 1.$$

实际上, $\cos z, \sin z$ 在复平面上无界. 例如, 当 $z = 2n\mathrm{i}$ 时有

$$\cos 2n\mathrm{i} = \frac{\mathrm{e}^{-2n} + \mathrm{e}^{2n}}{2} > 1, \quad |\sin 2n\mathrm{i}| = \left|\frac{\mathrm{e}^{-2n} - \mathrm{e}^{2n}}{2\mathrm{i}}\right| > 1,$$

并且当 $n \to +\infty$ 时有

$$\cos 2n\mathrm{i} \to +\infty, \quad |\sin 2n\mathrm{i}| \to +\infty.$$

(7) $\cos z$ 在复平面上的所有零点为 $z_k = \dfrac{\pi}{2} + k\pi\,(k \in \mathbb{Z})$, $\sin z$ 在复平面上的所有零点为 $z_k = k\pi\,(k \in \mathbb{Z})$.

事实上, 由 $\cos z = \dfrac{e^{iz} + e^{-iz}}{2} = 0$ 得 $e^{2iz} = -1 = e^{i\pi}$, 于是由指数函数的性质 (4) 得

$$2iz = i\pi + 2k\pi i, \quad k \in \mathbb{Z},$$

所以

$$z = \frac{\pi}{2} + k\pi, \quad k \in \mathbb{Z},$$

因此, $\cos z$ 在复平面的所有零点为 $z_k = \dfrac{\pi}{2} + k\pi\,(k \in \mathbb{Z})$.

同理可证 $\sin z$ 在复平面的所有零点为 $z_k = k\pi\,(k \in \mathbb{Z})$.

(8) 利用复的余弦函数和正弦函数, 可以按如下方式定义其他复三角函数:

$$\tan z = \frac{\sin z}{\cos z}, \quad \cot z = \frac{\cos z}{\sin z}, \quad \sec z = \frac{1}{\cos z}, \quad \csc z = \frac{1}{\sin z}.$$

2.3.2 初等多值函数

1. 辐角函数

显然, $F(z) = \operatorname{Arg} z$ 是 $\mathbb{C} \backslash \{0\}$ 上的一个多值函数. 因为初等复变数多值函数的多值性都是由辐角的多值性引起的, 所以先研究辐角函数 $F(z) = \operatorname{Arg} z$. 对于 $z \neq 0$, 复数 z 的辐角 $\operatorname{Arg} z$ 就是实轴正向到向量 $\overrightarrow{Oz}$ 的夹角 θ(图 1.1).

为了研究方便起见, 把辐角函数在某区域内分解为一些单值连续函数, 每一个单值连续函数称为辐角函数在这区域内的一个**单值连续分支**.

考虑沿负实轴 (包括原点 O) 剪开复平面所得的区域 $D = \{z \in \mathbb{C} : -\pi < \arg z < \pi\}$. 由 2.1 节的例 8 知 $\operatorname{Arg} z$ 的主值 $\arg z$ 在 D 内是一个单值连续函数, 在负实轴及 $z = 0$ 处都不连续.

对每个固定的 k, $F_k(z) = \operatorname{Arg} z = \arg z + 2k\pi$ 也是 D 内的单值连续函数.

下面来分析产生多值的原因及如何将 $w = \operatorname{Arg} z$ 分解成无穷多个单值连续函数? 要回答这个问题, 必须搞清楚如下几个问题:

(1) 对任意 $z_0 \in \mathbb{C} \backslash \{0\}$, $\operatorname{Arg} z$ 在 z_0 可以取到无穷个值 $\arg z_0 + 2k\pi\ (k \in \mathbb{Z})$. 现在要问的是每次它在 z_0 处取几个值? 答案是每次它在 z_0 处取一个值, 并且为 $\arg z_0 + 2k\pi (k \in \mathbb{Z})$ 中一个, 即

$$\operatorname{Arg} z_0 = \arg z_0 + 2k\pi,$$

其中 $-\pi < \arg z_0 < \pi$, $k \in \mathbb{Z}$.

(2) $\operatorname{Arg} z$ 在 $\mathbb{C} \backslash \{0\}$ 内任意两点的值之间的联系.

任取 $z_1, z_2 \in \mathbb{C}\backslash\{0\}$, 取定 $\mathrm{Arg}\, z$ 在 z_1 的一个值 $\arg z_1 = \theta_1$, 当 z 从 z_1 开始沿着 $\mathbb{C}\backslash\{0\}$ 内的一条简单曲线 L_1 连续变动到 z_2 时,

$$\arg z_2 = \theta_1 + \Delta_{L_1} \arg z,$$

其中 $\Delta_{L_1} \arg z$ 为 z 沿 L_1 由 z_1 连续变动到 z_2 时辐角的改变量 (图 2.3).

(3) 前面沿负实轴 (包括原点 O) 剪开复平面得区域 D, 可将辐角函数 $\mathrm{Arg}\, z$ 在 D 内分解为若干单值连续函数, 为什么要剪开? 主要是因为点 $z = 0$ 和 $z = \infty$ 是两个特殊的点, 它们有如下特殊性质:

(i) 当 z 从 z_1 开始按照逆时针方向沿着 $\mathbb{C}\backslash\{0\}$ 内的一条围绕原点的简单闭曲线 L_2 连续变动一周回到 z_1 时, 辐角由 $\arg z_1$ 变为 $\arg z_1 + 2\pi$. 类似地, 连续变动两周回到 z_1 时, 辐角由 $\arg z_1$ 变为 $\arg z_1 + 4\pi$; 连续变动 k 周回到 z_1 时, 辐角由 $\arg z_1$ 变为 $\arg z_1 + 2k\pi$ (图 2.4).

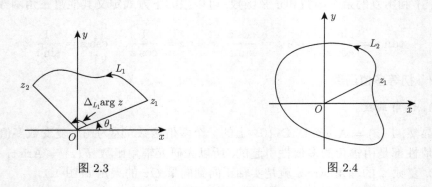

图 2.3   图 2.4

(ii) 当 z 从 z_1 开始按照逆时针方向沿着 $\mathbb{C}\backslash\{0\}$ 内的一条围绕点 $z_0(\neq 0, \infty)$ (不围绕原点) 的简单闭曲线 L_3 连续变动一周回到 z_1 时, 辐角回到原值不变 (图 2.5).

(iii) 如图 2.6 所示, 当 z 从 z_1 开始沿着围绕原点的简单闭曲线 L_4 按照顺时针方向连续变动一周, 也就是沿着 $\mathbb{C}\backslash\{0\}$ 内的一条围绕 ∞ 的简单闭曲线 L_4 连续变动一周回到 z_1 时, 辐角减少了 2π, 即由 $\arg z_1$ 变为 $\arg z_1 - 2\pi$. 类似地, 连续变动两周回到 z_1 时, 辐角减少了 4π, 即由 $\arg z_1$ 变为 $\arg z_1 - 4\pi$; 连续变动 k 周回到 z_1 时, 辐角减少了 $2k\pi$, 即由 $\arg z_1$ 变为 $\arg z_1 - 2k\pi$.

因此, 对于辐角函数 $w = \mathrm{Arg}\, z$ 而言, 点 0 和 ∞ 与其他点不同, 绕其一周, 辐角改变, 称之为辐角函数的**支点**. 而其他点 ($z \neq 0, \infty$) 则没有这种情况发生.

在复平面上, 取连接点 0 和 ∞ 的一条无界简单连续曲线 L 作为支割线, 剪开 z 平面, 得到一个区域 D, 其边界就是曲线 L, 则在区域 D 内可以将 $\mathrm{Arg}\, z$ 分解成无穷多个单值连续分支. **每个单值连续分支由一个初值** (或起点) **唯一确定**.

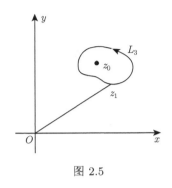

图 2.5

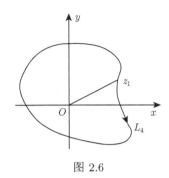

图 2.6

辐角函数 $w = \operatorname{Arg} z$ 在沿负实轴 (包括原点 O) 剪开复平面所得的区域 D 内可分解成无穷多个单值连续分支

$$f_k(z) = (\operatorname{Arg} z)_k = \arg z + 2k\pi, \quad -\pi < \arg z < \pi.$$

对每个固定的 k, $f_k(z)$ 是 D 内的单值连续函数, 它们都是 $w = \operatorname{Arg} z$ 在 D 内的单值连续分支. k 确定了辐角函数在 D 内每点的取值, 若 k 未知, 则 k 可由辐角函数在 D 内任一点的值来确定.

上沿与下沿 负实轴是区域 D 的边界, 是一条支割线. 将这条支割线看成有不同的上沿与下沿. 函数 $w = \operatorname{Arg} z$ 的每个单值连续分支可以扩充成为直到负实轴的上沿与下沿连续的函数. 显然, 同一单值连续分支在负实轴的上沿与下沿所取的值不同. 如果沿着正 (或负) 虚轴剪开, 类似地, 正 (或负) 虚轴就有左沿与右沿.

例 1 设 D 是将 z 平面沿负实轴剪开所得的区域, 试确定 $\operatorname{Arg} z$ 在 D 内的一个单值连续分支 $f_k(z) = \arg z + 2k\pi$, 分别使得

(1) $f_k(1) = 0$;

(2) $f_k(z)$ 满足在负实轴上沿取 3π, 其中 $-\pi < \arg z < \pi$.

解 (1) 由于 $f_k(1) = \arg 1 + 2k\pi = 0 + 2k\pi = 0$, 所以 $k = 0$, 因此, 所求的单值连续分支为 $f_0(z) = \arg z$.

(2) 由于 $f_k(-1) = \arg(-1) + 2k\pi = \pi + 2k\pi = 3\pi$, 所以 $k = 1$, 因此, 所求的单值连续分支为 $f_1(z) = \arg z + 2\pi$. $\qquad\square$

例 2 设 D 是将 z 平面沿正虚轴剪开所得的区域. 取 $\operatorname{Arg} z$ 在 D 内的一个单值连续分支 $f_k(z) = \arg z + 2k\pi$, 使得 $f_k(1) = 2\pi$, 求 $f_k(-1)$ 的值.

解 $w = \operatorname{Arg} z$ 在 D 内的无穷个单值连续分支为

$$f_k(z) = \arg z + 2k\pi, \quad k = 0, \pm 1, \pm 2, \cdots,$$

其中 $z \in D: -\dfrac{3\pi}{2} < \arg z < \dfrac{\pi}{2}$.

(1) 由已知条件确定 k. 当 $z = 1 \in D$ 时, $\arg z = 0$, 于是要 $2\pi = f_k(1) = \arg 1 + 2k\pi = 0 + 2k\pi$, 必有 $k = 1$. 所以题设确定的单值连续分支为

$$f_1(z) = \arg z + 2\pi, \quad z \in D: -\frac{3\pi}{2} < \arg z < \frac{\pi}{2}.$$

(2) 求 $f_1(-1)$ 的值. 当 $z = -1 \in D$ 时, $\arg z = -\pi$. 于是

$$f_1(-1) = \arg(-1) + 2\pi = -\pi + 2\pi = \pi. \qquad \square$$

2. 对数函数

和实变量对数函数一样, 复变量的对数函数也定义为指数函数的反函数.

定义 2.3.2　满足 $\mathrm{e}^w = z \ (z \neq 0)$ 的全体 $w = \{s \in \mathbb{C} : \mathrm{e}^s = z\}$ 称为**对数函数**, 记作 $w = \mathrm{Ln}\, z$.

由于对数函数是指数函数的反函数, 而指数函数是周期为 $2\pi\mathrm{i}$ 的周期函数, 所以对数函数必然是多值函数. 事实上, 令 $z = r\mathrm{e}^{\mathrm{i}\theta}$, $w = u + \mathrm{i}v$, 则由 $\mathrm{e}^w = z$ 得 $\mathrm{e}^u = r$ 和 $\mathrm{e}^{\mathrm{i}v} = \mathrm{e}^{\mathrm{i}\theta}$. 于是

$$u = \ln^+ r, \quad v = \theta + 2k\pi, \quad k \in \mathbb{Z},$$

其中 $\ln^+ r$ 表示 r 的实对数.

易见, $u = \ln^+ r$ 是单值的, 而由辐角函数的多值性知 v 是多值的. 因为 θ 是 z 的辐角, 所以 $v = \theta + 2k\pi = \mathrm{Arg}\, z$, 因此

$$w = \mathrm{Ln}\, z = \ln^+ |z| + \mathrm{i}\mathrm{Arg}\, z, \quad z \neq 0.$$

相应于辐角函数的主值, 定义对数函数 $\mathrm{Ln}\, z$ 的**主值** $\ln z$ 为

$$w = \ln z = \ln^+ |z| + \mathrm{i}\arg z, \quad z \neq 0.$$

这样有

$$w = \mathrm{Ln}\, z = \ln^+ |z| + \mathrm{i}\arg z + 2k\pi\mathrm{i} = \ln z + 2k\pi\mathrm{i}, \quad k \in \mathbb{Z}.$$

也用 $\ln z$ 表示 $\mathrm{Ln} z$ 的特定值.

对数函数的基本性质如下:

(1) 对数函数是定义在 $\mathbb{C} \backslash \{0\}$ 上的多值函数;

(2) 对数函数的代数性质

$$\mathrm{Ln}\,(z_1 z_2) = \mathrm{Ln}\,z_1 + \mathrm{Ln}\,z_2, \quad \mathrm{Ln}\,\frac{z_1}{z_2} = \mathrm{Ln}\,z_1 - \mathrm{Ln}\,z_2.$$

和辐角函数一样, 上面的等式应该理解为集合相等, 并且下面的等式将不再成立:

$$\mathrm{Ln}\,z^2 = 2\mathrm{Ln}\,z,$$

而应为

$$\mathrm{Ln}\,z^2 = 2\ln^+ |z| + \mathrm{i}2\arg z + 2k\pi\,\mathrm{i}.$$

例 3 试问如下推理错在何处?

"令 $w = 2\mathrm{Ln}\,z$, 则 $\mathrm{e}^w = \mathrm{e}^{2\mathrm{Ln}\,z} = z^2$, 于是 $w = \mathrm{Ln}\,z^2$, 所以 $2\mathrm{Ln}\,z = \mathrm{Ln}\,z^2$."

解 上述推理的后两步是错误的, 错误的原因是对定义 2.3.2 理解不透彻. 对数函数是一个多值函数, 是满足 $\mathrm{e}^w = z(z \neq 0)$ 的全体 w, 注意 "全体" 二字, 所以上述推理后两步的正确结果是 $w \subsetneqq \mathrm{Ln}\,z^2$, 因此, $2\mathrm{Ln}\,z \subsetneqq \mathrm{Ln}\,z^2$, 其中使用了 $2\mathrm{Ln}\,z = \{2\ln^+ |z| + \mathrm{i}2\arg z + 4k\pi\,\mathrm{i} : k \in \mathbb{Z}\} \subsetneqq \mathrm{Ln}\,z^2$. □

(3) 对数函数的单值化. 相应于辐角函数的单值化, 也可以将对数函数单值化, 原点 O 和无穷远点是对数函数的两个支点. 考虑复平面除去负实轴 (包括 O) 所得的区域 D. 显然, 在 D 内, 对数函数可以分解为无穷多个单值连续分支

$$w_k = \ln^+ |z| + \mathrm{i}\arg z + 2k\pi\,\mathrm{i} = \ln z + \mathrm{i}2k\pi, \quad k \in \mathbb{Z}.$$

一般地, 取连接 0 和 ∞ 的任一条无界简单连续曲线 K_1, 设区域 $D_1 = \mathbb{C} - K_1$, 并且 $z_1 \in D_1$, 取定 $\arg z_1 = \theta_1$ 及 $\ln z_1 = \ln^+ |z_1| + \mathrm{i}\theta_1$. 与 $\mathrm{Arg}\,z$ 在 D_1 内的分解相对应, 可将对数函数在 D_1 内分解成无穷个单值连续分支, 记作

$$w_k = \ln^+ |z| + \mathrm{i}\arg z + \mathrm{i}2k\pi, \quad w_k(z_1) = \ln^+ |z_1| + \mathrm{i}\theta_1, \quad k \in \mathbb{Z}.$$

(4) 对数函数的解析性质. 对数函数在任何沿连接 0 与 ∞ 的简单曲线剪开所得区域 G 内的单值连续分支都是解析的. 也就是说, 如果 $f(z)$ 是 $\mathrm{Ln}\,z$ 在区域 G 内的一个单值连续分支, 则 $f(z)$ 在区域 G 内解析且

$$f'(z) = \frac{1}{z}. \tag{2.3.3}$$

事实上, 不失一般性, 不妨设 G 是复平面 $\mathbb{C}$ 沿负实轴剪开所得的区域. 令 $z = x + \mathrm{i}y$, $f(z) = u(x, y) + \mathrm{i}v(x, y) = (\ln z)_k$, 则当 $z = x + \mathrm{i}y \in G$ 时有

$$u(x, y) = \ln^+ \sqrt{x^2 + y^2},$$

$$v(x,y) = \arg\ z + 2k\pi = 2k\pi + \begin{cases} \arctan\dfrac{y}{x}, & x > 0, \\[2mm] \operatorname{arccot}\dfrac{x}{y}, & y > 0, \\[2mm] \operatorname{arccot}\dfrac{x}{y} - \pi, & y < 0, \end{cases}$$

其中 k 为某个整数.

显然, $u(x,y) = \ln^+\sqrt{x^2 + y^2}, v(x,y) = \arg\ z + 2k\pi$ 在区域 G 内可微且

$$\frac{\partial u}{\partial x} = \frac{x}{x^2 + y^2} = \frac{\partial v}{\partial y}, \quad \frac{\partial u}{\partial y} = \frac{y}{x^2 + y^2} = -\frac{\partial v}{\partial x},$$

即 $f(z)$ 在区域 G 内满足 C-R 方程, 所以根据定理 2.2.3 得 $f(z)$ 在区域 G 内可导, 自然在区域 G 内解析且 (2.3.3) 式成立.

由于对数函数的每个单值连续分支都是解析的, 所以也将它的连续分支称为**解析分支**.

例 4　计算 $\text{Ln}\,(-1)$ 和 $\text{Ln}\,1$ 的值.

解　因为 $|-1| = 1, \arg(-1) = \pi$, 所以

$$\text{Ln}\,(-1) = \ln^+ 1 + \mathrm{i}(\arg(-1) + 2k\pi) = (2k+1)\pi\mathrm{i}, \quad k \in \mathbb{Z},$$

$$\text{Ln}1 = \ln^+ 1 + \mathrm{i}(\arg 1 + 2k\pi) = 2k\pi\mathrm{i}, \quad k \in \mathbb{Z}. \qquad \square$$

注　例 4 说明 "负数无对数" 的说法在复数域内不成立.

例 5　假设 $-\pi < \arg z < \pi$, 计算 $\text{Ln}\,(2-3\mathrm{i})$ 和 $\ln(2-3\mathrm{i})$ 的值.

解　因为 $|2-3\mathrm{i}| = \sqrt{2^2 + (-3)^2} = \sqrt{13}, \arg(2-3\mathrm{i}) = -\arctan\dfrac{3}{2}$, 所以

$$\begin{aligned} \text{Ln}\,(2-3\mathrm{i}) &= \ln^+|2-3\mathrm{i}| + \mathrm{i}(\arg(2-3\mathrm{i}) + 2k\pi) \\ &= \frac{1}{2}\ln^+ 13 + \mathrm{i}\left(-\arctan\frac{3}{2} + 2k\pi\right), \quad k \in \mathbb{Z}, \end{aligned}$$

$$\ln\,(2-3\mathrm{i}) = \frac{1}{2}\ln^+ 13 - \mathrm{i}\arctan\frac{3}{2}. \qquad \square$$

3. 幂函数

利用对数函数可定义幂函数.

定义 2.3.3　设 α 是一复常数, 定义 $z\,(\neq 0)$ 的 **α 次幂函数**为

$$w = z^\alpha = \mathrm{e}^{\alpha\text{Ln}\,z}, \quad z \neq 0. \tag{2.3.4}$$

当 α 为正实数且 $z=0$ 时, 规定 $z^\alpha=0$; 当 α 不为正实数且 $z=0$ 时, z^α 没有定义.

由于 $\operatorname{Ln} z = \ln z + 2k\pi\mathrm{i} = \ln^+|z| + \mathrm{i}\arg z + 2k\pi\mathrm{i}$, 所以

$$
\begin{aligned}
w = z^\alpha &= \mathrm{e}^{\alpha\ln z} \cdot \mathrm{e}^{\alpha\cdot 2k\pi\mathrm{i}} \\
&= \mathrm{e}^{\alpha(\ln^+|z|+\mathrm{i}\arg z)} \cdot \mathrm{e}^{\alpha\cdot 2k\pi\mathrm{i}}, \quad \ln 1 = 0, -\pi < \arg z \leqslant \pi, \ k \in \mathbb{Z}.
\end{aligned}
$$

因此, 对同一个 $z \neq 0, w = z^\alpha$ 不同数值的个数等于不同数值的因子 $\mathrm{e}^{\alpha\cdot 2k\pi\mathrm{i}} (k \in \mathbb{Z})$ 的个数.

幂函数的基本性质如下:

(1) 由于对数函数的多值性, 当 $\alpha \notin \mathbb{Z}$ 时, 幂函数是区域 $\mathbb{C}\backslash\{0\}$ 上的多值函数 (不同数值的个数等于 $\mathrm{e}^{\alpha\cdot 2k\pi\mathrm{i}}$ 不同数值因子的个数).

(2) 当 α 是非零整数 n 时,

$$
w = z^n = \mathrm{e}^{n[\ln^+|z|+\mathrm{i}(\arg z+2k\pi)]} = |z|^n \mathrm{e}^{\mathrm{i}n\arg z} = \begin{cases} \underbrace{z \cdot z \cdots z}_{n\text{个}}, & n > 0, \\ \dfrac{1}{z^{-n}}, & n < 0, z \neq 0 \end{cases}
$$

是单值函数.

(3) 当 $\alpha = 0, z \neq 0$ 时, $z^0 = \mathrm{e}^{0\operatorname{Ln} z} = \mathrm{e}^0 = 1$.

(4) 当 $\alpha = \dfrac{1}{n} (n \geqslant 2$ 是正整数$)$ 时,

$$
w = z^{\frac{1}{n}} = \mathrm{e}^{\frac{1}{n}\operatorname{Ln} z} = \mathrm{e}^{\frac{1}{n}[\ln^+|z|+\mathrm{i}(\arg z+2k\pi)]} = \sqrt[n]{|z|}\mathrm{e}^{\mathrm{i}\frac{\arg z+2k\pi}{n}}, \quad k = 0, 1, \cdots, n-1
$$

是一个 n 值函数.

(5) 当 $\alpha = \dfrac{p}{q} \ (p, q$ 为互素的整数, $q \geqslant 2)$ 为有理数时,

$$
w = z^{\frac{p}{q}} = \mathrm{e}^{\frac{p}{q}\operatorname{Ln} z} = \mathrm{e}^{\frac{p}{q}[\ln^+|z|+\mathrm{i}(\arg z+2k\pi)]} = \mathrm{e}^{\frac{p}{q}\ln z} \cdot \mathrm{e}^{\frac{\mathrm{i}2pk\pi}{q}}.
$$

由于 p 与 q 互素, 所以不难看出当 k 取 $0, 1, \cdots, q-1$ 时得到 q 个不同的值, 即这时幂函数是一个 q 值函数.

(6) 当 α 是无理数或虚数时, 幂函数是无穷多值函数.

事实上, 当 α 是无理数时有

$$
z^\alpha = \mathrm{e}^{\alpha\operatorname{Ln} z} = \mathrm{e}^{\alpha\ln z} \cdot \mathrm{e}^{\mathrm{i}\alpha 2k\pi}, \quad k \in \mathbb{Z}.
$$

当 k 取 $0, \pm 1, \pm 2, \cdots$ 时得到无穷个不同的值, 即这时幂函数是一个无穷多值函数.

当 $\alpha = a + b\mathrm{i} \ (b \neq 0)$ 时有

$$
z^\alpha = \mathrm{e}^{\alpha\operatorname{Ln} z} = \mathrm{e}^{(a+b\mathrm{i})[\ln^+|z|+\mathrm{i}(\arg z+2k\pi)]}
$$

$$= e^{(a+bi)(\ln^+ |z| + i \arg z)} \cdot e^{2k\pi i(a+bi)}$$

$$= e^{(a+bi)(\ln^+ |z| + i \arg z)} \cdot e^{-2k\pi b} \cdot e^{2k\pi a i}, \quad k \in \mathbb{Z}.$$

当 k 取 $0, \pm 1, \pm 2, \cdots$ 时得到无穷个不同的值, 即这时幂函数是一个无穷多值函数.

例 6　计算 2^{1+i} 的值.

解　利用幂函数的定义和对数函数的性质可得

$$2^{1+i} = e^{(1+i)\text{Ln} 2} = e^{(1+i)[\ln^+ |2| + i(\arg 2 + 2k\pi)]}$$

$$= e^{\ln^+ 2 - 2k\pi} \cdot e^{i(\ln^+ 2 + 2k\pi)}$$

$$= 2e^{-2k\pi} \cdot (\cos \ln^+ 2 + i \sin \ln^+ 2), \quad k \in \mathbb{Z}. \qquad \square$$

(7) 幂函数在任何沿连接 0 与 ∞ 的简单曲线剪开所得区域 G 内可分解出若干单值解析分支.

设在区域 G 内, 可以把 $\text{Ln}\, z$ 分解成无穷多个单值解析分支. 对于 $\text{Ln}\, z$ 的一个解析分支, 相应地, z^α 有一个单值连续分支. 根据复合函数的求导法则, $w = z^\alpha$ 的这个单值连续分支在 G 内解析且

$$\frac{\mathrm{d}w}{\mathrm{d}z} = \alpha \cdot \frac{1}{z} e^{\alpha \ln z} = \alpha \cdot \frac{z^\alpha}{z} = \alpha z^{\alpha-1}, \tag{2.3.5}$$

其中 z^α 应当理解为对它求导数的那个分支, $\ln z$ 应当理解为对数函数的相应分支, 并且 z^α 与 $z^{\alpha-1}$ 用相同的方式沿连接 0 与 ∞ 的简单曲线剪开, 分出单值解析分支.

事实上, 对整体, 由定义 2.3.3 对 $z \neq 0$, 有

$$\alpha z^{\alpha-1} = \alpha e^{(\alpha-1)\ln z} \cdot e^{2(\alpha-1)k\pi i} = (\alpha e^{\alpha \ln z} \cdot e^{2\alpha k\pi i}) \cdot e^{-\ln z} \cdot (e^{-2k\pi i})$$

$$= \alpha z^\alpha \cdot e^{-\ln z} \cdot e^{-2k\pi i} = \alpha z^\alpha \cdot z^{-1} = \alpha \frac{z^\alpha}{z},$$

其中 $\ln z$ 为主值.

任取一个分支 $k_0 \in \mathbb{Z}$, 记为 $(z^\alpha)_{k_0}$,

$$\alpha(z^{\alpha-1})_{k_0} = \alpha e^{(\alpha-1)\ln z} \cdot e^{2(\alpha-1)k_0\pi i} = (\alpha e^{\alpha \ln z} \cdot e^{2\alpha k_0\pi i}) \cdot e^{-\ln z} \cdot e^{-2k_0\pi i}$$

$$= \alpha(z^\alpha)_{k_0} \cdot e^{-\ln z} \cdot e^{-2k_0\pi i} = \alpha(z^\alpha)_{k_0} \cdot z^{-1} = \alpha \frac{(z^\alpha)_{k_0}}{z}.$$

特别地, 对主值, 即 $k_0 = 0$,

$$\alpha(z^{\alpha-1})_0 = \alpha e^{(\alpha-1)\ln z} = \alpha e^{\alpha \ln z} \cdot e^{-\ln z} = \alpha z_0^\alpha \cdot e^{-\ln z} = \alpha(z^\alpha)_0 \cdot z^{-1} = \alpha \frac{(z^\alpha)_0}{z}. \qquad \square$$

对应于 $\mathrm{Ln}\,z$ 在 G 内任一个解析分支, 当 α 是整数时, z^α 在 G 内是同一解析函数; 当 $\alpha = \dfrac{m}{n}$ (既约分数, $n > 1$) 时, z^α 在 G 内有 n 个解析分支; 当 α 是无理数或虚数时, z^α 在 G 内有无穷个解析分支.

当 α 不是整数时, 原点及无穷远点是 $w = z^\alpha$ 的**支点**, 所以任取连接这两个支点的一条简单连续曲线 K_1 作为割线, 可得一个区域 D_1. 在 D_1 内, 可把 $w = z^\alpha$ 分解成一些解析分支. 特别地, 可取从原点出发的任何射线作为支割线.

例 7 设 $w = z^{\frac{1}{3}}$ 确定在从原点 $z = 0$ 起沿负实轴剪开 z 平面所得的区域 D 上且 $w(\mathrm{i}) = -\mathrm{i}$, 求 $w(-\mathrm{i})$ 之值.

解 在 D 上, $w = z^{\frac{1}{3}}$ 的三个单值解析分支为

$$w_k = \sqrt[3]{|z|}\,\mathrm{e}^{\mathrm{i}\frac{\arg z + 2k\pi}{3}}, \quad k = 0, 1, 2, \tag{2.3.6}$$

其中 $z \in D = \{z : -\pi < \arg z < \pi\}$.

(1) 由已知条件确定 k. 当 $z = \mathrm{i} \in D$ 时, $|z| = 1$, $\arg z = \dfrac{\pi}{2}$, 于是由

$$-\mathrm{i} = w(\mathrm{i}) = \sqrt[3]{1}\,\mathrm{e}^{\mathrm{i}\frac{\frac{\pi}{2} + 2k\pi}{3}} = \mathrm{e}^{\mathrm{i}\frac{(4k+1)\pi}{6}}, \quad k = 0, 1, 2$$

得 $k = 2$, 所以所求的单值解析分支为 $w_2 = \sqrt[3]{|z|}\,\mathrm{e}^{\mathrm{i}\frac{\arg z + 4\pi}{3}}$, 其中 $z \in D$.

(2) 求 $w_2(-\mathrm{i})$ 之值. 当 $z = -\mathrm{i} \in D$ 时, $|z| = 1$, $\arg z = -\dfrac{\pi}{2}$. 于是

$$w_2(-\mathrm{i}) = \sqrt[3]{1}\,\mathrm{e}^{\mathrm{i}\frac{-\frac{\pi}{2} + 4\pi}{3}} = \mathrm{e}^{\mathrm{i}\frac{7\pi}{6}} = -\mathrm{e}^{\mathrm{i}\frac{\pi}{6}}. \qquad \square$$

*4. 反三角函数

反三角函数是三角函数的反函数, 由于三角函数是周期函数, 所以反三角函数是多值函数.

定义 2.3.4 (1) 由方程 $z = \sin w$ 所定义的函数 w 称为 z 的**反正弦函数**, 记作

$$w = \mathrm{Arcsin}\,z. \tag{2.3.7}$$

(2) 由方程 $z = \cos w$ 所定义的函数 w 称为 z 的**反余弦函数**, 记作

$$w = \mathrm{Arccos}\,z. \tag{2.3.8}$$

(3) 由方程 $z = \tan w$ 所定义的函数 w 称为 z 的**反正切函数**, 记作

$$w = \mathrm{Arctan}\,z. \tag{2.3.9}$$

(4) 由方程 $z = \cot w$ 所定义的函数 w 称为 z 的**反余切函数**, 记作

$$w = \mathrm{Arccot}\,z. \tag{2.3.10}$$

它们都是多值函数, 其主值分别记为 $\arcsin z, \arccos z, \arctan z, \mathrm{arccot}\, z$.

反三角函数可以用对数函数表示. 事实上, 令 $\mathrm{e}^{\mathrm{i}w} = \tau$, 由于

$$z = \sin w = \frac{\mathrm{e}^{\mathrm{i}w} - \mathrm{e}^{-\mathrm{i}w}}{2\mathrm{i}} = \frac{\mathrm{e}^{2\mathrm{i}w} - 1}{2\mathrm{i}\mathrm{e}^{\mathrm{i}w}} = \frac{\tau^2 - 1}{2\mathrm{i}\tau},$$

所以 $\tau^2 - 2\mathrm{i}z\tau - 1 = 0$, 因此

$$\tau = \mathrm{i}z + (1 - z^2)^{\frac{1}{2}},$$

故

$$w = \mathrm{Arcsin}\, z = -\mathrm{i}\, \mathrm{Ln}\left(\mathrm{i}z + (1 - z^2)^{\frac{1}{2}}\right). \tag{2.3.11}$$

类似可得

$$w = \mathrm{Arccos}\, z = -\mathrm{i}\, \mathrm{Ln}\left(z + (z^2 - 1)^{\frac{1}{2}}\right), \tag{2.3.12}$$

$$w = \mathrm{Arctan}\, z = \frac{1}{2\mathrm{i}} \mathrm{Ln}\frac{\mathrm{i} - z}{z + \mathrm{i}} = \frac{1}{2\mathrm{i}}\left[\mathrm{Ln}\,(z - \mathrm{i}) - \mathrm{Ln}\,(z + \mathrm{i}) + \mathrm{i}\pi\right], \tag{2.3.13}$$

$$w = \mathrm{Arccot}\, z = \frac{1}{2\mathrm{i}} \mathrm{Ln}\frac{z + \mathrm{i}}{z - \mathrm{i}} = \frac{1}{2\mathrm{i}}\left[\mathrm{Ln}\,(z + \mathrm{i}) - \mathrm{Ln}\,(z - \mathrm{i})\right]. \tag{2.3.14}$$

反三角函数都是多值函数, 在通过适当割开 z 平面所得的区域上, 每个反三角函数都可以分出若干单值解析分支.

例如, 反正切函数的支点是 $z = \pm\mathrm{i}$, 而 $z = \infty$ 不是它的支点. 在 z 平面取连接 $z = \mathrm{i}$ 与 $z = -\mathrm{i}$ 的任何连续曲线作支割线 (例如, 可取线段 $[-\mathrm{i}, \mathrm{i}]$, 或者取两个射线 $x = 0, |y| \geqslant 1$), 割开 z 平面所得的区域 D 上, 反正切函数 $w = \mathrm{Arctan}\, z$ 可分解为无穷多个单值解析分支.

当对数函数都取主值时, 由 (2.3.13) 式可得反正切函数的主值为

$$w = \arctan z = \frac{1}{2\mathrm{i}}\left[\ln(z - \mathrm{i}) - \ln(z + \mathrm{i}) + \mathrm{i}\pi\right], \tag{2.3.15}$$

于是 w 在点 $z(\neq \pm\mathrm{i})$ 的其他值为

$$w = \frac{1}{2\mathrm{i}}[\ln(z - \mathrm{i}) + 2k_1\pi\mathrm{i} - \ln(z + \mathrm{i}) - 2k_2\pi\mathrm{i} + \pi\mathrm{i}], \quad k_1, k_2 \in \mathbb{Z},$$

即

$$w = \mathrm{Arctan}\, z = \arctan z + k\pi, \quad k \in \mathbb{Z}. \tag{2.3.16}$$

由 (2.3.13) 式得 $w = \mathrm{Arctan}\, z$ 的任何解析分支有导数

$$\frac{\mathrm{d}w}{\mathrm{d}z} = \frac{1}{2\mathrm{i}}\left(\frac{1}{z - \mathrm{i}} - \frac{1}{z + \mathrm{i}}\right) = \frac{1}{z^2 + 1}.$$

习 题 2.3

1. 设 $z = a + \mathrm{i}b$, 求下列函数的实部、虚部和模:

(1) $f(z) = \mathrm{e}^{2z+3\mathrm{i}}$;　　(2) $f(z) = \mathrm{e}^{z^2}$;　　(3) $f(z) = \mathrm{e}^{\frac{1}{z}}$.

2. 试证明:

(1) $\overline{\mathrm{e}^z} = \mathrm{e}^{\bar{z}}$;　　(2) $\overline{\sin z} = \sin \bar{z}$;　　(3) $\overline{\cos z} = \cos \bar{z}$.

3. 解方程:

(1) $\mathrm{e}^z = 1 + \mathrm{i}$;　　(2) $\ln z = \pi\mathrm{i}$;　　(3) $\sin z - \cos z = 0$.

4. 计算 5^{i} 和 $(1+\mathrm{i})^{\sqrt{3}}$ 的值.

5. 设 D 是将 z 平面沿正虚轴割开所得的区域. 取 $\mathrm{Ln}\, z$ 在 D 内的一个单值连续分支 $f(z) = \ln z$ $(\ln 1 = 2\pi\mathrm{i})$, 求 $f(-1)$ 的值.

6. 设 $w = z^{\frac{1}{3}}$ 确定在从原点 $z = 0$ 起沿正实轴剪开 z 平面所得的区域 D 上, 并且 $w(\mathrm{i}) = -\mathrm{i}$, 求 $w(-\mathrm{i})$ 的值.

第 2 章小结

本章介绍了复变函数的概念、极限与连续性、复变函数可导或可微的概念、解析函数和复变量初等函数.

复函数的定义与一元实函数的定义形式完全相同, 但是本质上两者是不同的. 一元实函数的定义域是直线上的点集, 复函数的定义域是复平面上的点集. 一个复函数 $w = f(z)$ 等价于两个二元实函数 $u = u(x,y)$, $v = v(x,y)$.

复函数的极限与连续性定义与一元实函数的极限与连续性定义形式也完全相同, 所以它们有许多一样的性质. 例如, 极限的唯一性和极限与连续的局部有界性、四则运算及复合运算等. 但是两者之间也有差异, 如复函数的极限与连续性没有保不等式定理, 原因是复数不能比较大小; 保号性定理要改为保不为零性定理 (如 2.1 节例 9) 等. 复函数的极限本质上等价于二元实函数的极限.

复函数的导数定义与一元实函数的导数定义形式也完全相同, 所以它们的求导公式、求导法则、可导 (或可微) 与连续的关系等也一样, 但是两者之间也有差异, 主要是复函数的极限本质上不同于一元实函数的极限, 因此, 可导的复函数有许多特有的性质, 并且进一步引入了解析函数的概念.

复函数的可导性是点态的, 是局部性质, 解析性则是区域性的, 是整体性质. 例如, 复函数 $w = |z|^2$ 只在 $z = 0$ 处可导, 在其他点都不可导, 自然在整个复平面处处不解析. 注意复函数在一点解析与可导的异同. 熟练掌握判别复函数可微和解析的充要条件和充分条件.

复变量初等函数是以指数函数 $\mathrm{e}^z = \mathrm{e}^x(\cos y + \mathrm{i}\sin y)$ 的定义为基础的, 利用指数函数再定义三角函数和对数函数, 然后再定义幂函数和反三角函数等. 复的初等函数与实的初等函数有许多类似的性质, 也有一些新的性质, 注意掌握和区分. 特别要注意指数函数、指数为整数的幂函数和三角函数都是复变数单值解析函数, 而对数函数、指数为非整数的幂函数和反三角函数都是复变数多值函数. 复变数单值函数可能有奇点, 但是没有支点. 对于有支点的复变数多值函数, 必须用支割线将多值函数的支点连接起来, 适当剪开 z 平面, 才能将多值函数分解为若干单值分支. 对于多值函数的每个单值分支才能研究其极限、连续性和解析性.

　　本章的**重点**是解析函数的概念、函数解析的充分必要条件和复变量初等函数的定义与性质.

　　本章的**难点**是如何将多值函数分解为若干单值连续或解析分支.

第 2 章知识图谱

第2章知识图谱

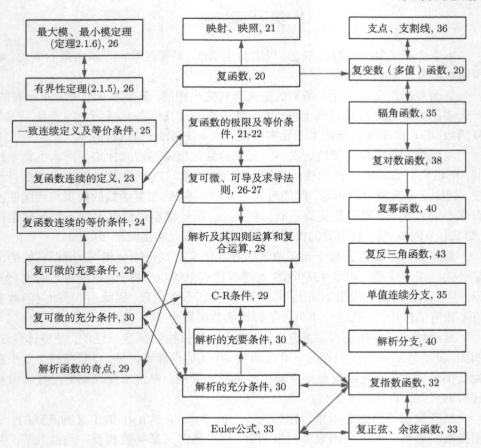

第 2 章复习题

1. 设复函数 $f(z)$ 与 $g(z)$ 都在 z_0 处可导且 $f(z_0) = g(z_0) = 0$, $g'(z_0) \neq 0$, 试证明:

$$\lim_{z \to z_0} \frac{f(z)}{g(z)} = \frac{f'(z_0)}{g'(z_0)}.$$

2. 设 $f(z) = \dfrac{1}{1 - z^2}$, 试证明 $f(z)$ 在开单位圆盘 $U = \{z \in \mathbb{C} : |z| < 1\}$ 内连续, 但是不一致连续.

3. 试证明复函数 $f(z) = \dfrac{1}{2 + z}$ 在开单位圆盘 U 内连续, 并且一致连续.

4. 设复函数 $f(z)$ 在 z_0 处连续, 试证明 $|f(z)|$ 也在 z_0 处连续. 反之如何?

5. 判断下列极限的存在性, 若存在, 求其极限:

(1) $\lim\limits_{z \to 0} \dfrac{\sin z - 1}{z}$;　　　(2) $\lim\limits_{z \to 0} \dfrac{\mathrm{e}^z - 1}{z}$;

(3) $\lim\limits_{z \to 0} \dfrac{\cos z - 1}{z^2}$;　　　(4) $\lim\limits_{z \to 0} \dfrac{\tan z - \sin z}{z^3}$.

6. 设 $f(z) = \sqrt{|xy|}$, 试证明 $f(z)$ 在 $z = 0$ 处满足 C-R 条件, 但是不可微.

7. 设 $f(z) = u(x,y) + \mathrm{i}v(x,y)$ 在区域 D 内解析, 并且在 D 内满足下列条件之一, 试证明 $f(z)$ 在 D 内恒为常数:

(1) $v = u^2$;　　　(2) $u = \sin v$.

8. 设 $f(z) = u(x,y) + \mathrm{i}v(x,y)$ 在整个复平面内解析, 并且满足 $f'(z) = f(z)$, $f(0) = 1$, 试证明对任意 z 有 $f(z) = \mathrm{e}^z$.

9. 设 $w = z^{\mathrm{i}}$ 确定在从原点起沿负虚轴割破了的 z 平面上, 并且 $w(1) = \mathrm{e}^{-2\pi}$, 求 $w(-1)$ 的值.

10. 在复平面上取上半虚轴作割线, 试在所得区域内分别取定函数 $z^{\frac{1}{2}}$ 与 $\mathrm{Ln}\, z$ 在正实轴取正实值与实值的一个解析分支, 并求它们在上半虚轴左沿的点及右沿的点 z 处的值.

第 2 章测试题

一、填空题 (每小题 3 分, 共 15 分)

1. 设 $z = x + \mathrm{i}y$, $w = u + \mathrm{i}v$, 则复函数 $w = z^2$ 对应的两个二元实函数是 $u = ($　　$)$, $v = ($　　$)$.

2. 变换 $w = \mathrm{i}z$ 将 z 平面上的圆周 $|z - 1| = 1$ 变成的曲线是 $($　　$)$.

3. 设 $z = r\mathrm{e}^{\mathrm{i}\theta} \neq 0$, $w = \rho\mathrm{e}^{\mathrm{i}\varphi}$, 则 $w = z^{\frac{1}{n}}$ 的 n 个根为 $($　　$)$.

4. $\lim\limits_{n \to \infty} \left(\dfrac{1 + \mathrm{i}}{2}\right)^n = ($　　$)$.

5. 复函数 $\mathrm{e}^{3+4\mathrm{i}}$ 的模为 $($　　$)$, 辐角主值为 $($　　$)$.

二、单项选择题 (每小题 2 分, 共 20 分)

1. 下列复函数中, 不是单值复函数的是 $($　　$)$.

　A. $w = z - 2$　　　　B. $w = \dfrac{z^2 - 1}{z - 1}$　　　　C. $w = z^{\frac{1}{3}}$　　　　D. $w = \bar{z}$

2. 设 $z = x + \mathrm{i}y, w = u + \mathrm{i}v$. 函数 $w = \dfrac{1}{z}$ 将 z 平面上的下列曲线 (　　) 映射成 w 平面上的圆周.

　A. $x^2 + y^2 = 8$　　B. $y = \sqrt{3}x$　　C. $(x - 1)^2 + y^2 = 1$ 且 $y > 0$　　D. $x = 0$

3. 复函数 $f(z) = z\,\mathrm{Re}\,z$ 满足 (　　).

　A. 在整个复平面 $\mathbb{C}$ 上不连续

　B. 在整个复平面 $\mathbb{C}$ 上可导

　C. 在整个复平面 $\mathbb{C}$ 上一致连续

　D. 仅在 $z = 0$ 处可导, 在整个复平面 $\mathbb{C}$ 上不解析

4. 设 $z = x + \mathrm{i}y$, 则函数 $f(z) = x^3 - \mathrm{i}y^3$ 在 $z = 0$ 处 (　　).

　A. 不连续　　B. 不可导　　　　C. 可导　　　D. 解析

5. 设 $z = x + \mathrm{i}y$, 则在 z 平面上处处解析的函数是 (　　).

　A. $|z|$　　　B. $x^2 - y^2 + 2xy\mathrm{i}$　　C. $\dfrac{1}{z}$　　　D. $x + y$

6. 下列表述错误的是 (　　).

　A. e^z 是以 $2\pi\mathrm{i}$ 为周期的周期函数且 $(\mathrm{e}^z)' = \mathrm{e}^z$

　B. $\mathrm{Ln}\,z$ 是多值函数且 $\mathrm{Ln}\,z = \ln|z| + \mathrm{i}(\arg z + 2k\pi)$, $k \in \mathbb{Z}$

　C. 设 p, q 为互素的整数且 $q > 0$, 则幂函数 $z^{\frac{p}{q}}$ 是一个 q 值函数

　D. 三角函数 $\sin z, \cos z$ 在 z 平面上均有界

7. 复数 $2^{1+\mathrm{i}}$ 的模为 (　　).

　A. 2　　　B. $2\mathrm{e}^{-2k\pi}$, $k \in \mathbb{Z}$　　　C. $2^{\sqrt{2}}$　　　D. $\mathrm{e}^{-2k\pi}$, $k \in \mathbb{Z}$

8. 设 $z = r\mathrm{e}^{\mathrm{i}\theta}, w = \rho\mathrm{e}^{\mathrm{i}\varphi}$, 则复函数 $w = z^2$ 将直线 $\theta = \dfrac{\pi}{6}$ 映射为 (　　).

　A. 射线 $\varphi = \dfrac{\pi}{3}$　　B. 直线 $\varphi = \dfrac{\pi}{3}$　　C. 圆 $|w| = 2$　　D. 直线 $\varphi = \dfrac{\pi}{6}$

9. 下列叙述错误的是 (　　).

　A. 设 $z = x + \mathrm{i}y$, 则复函数 $f(z) = u(x, y) + \mathrm{i}v(x, y)$ 在 E 上一致连续的充要条件为 $u(x, y), v(x, y)$ 在 E 上均一致连续

　B. 若复函数 $f(z)$ 在有界闭集 E 上连续, 则 $|f(z)|$ 在 E 上可以取最值

　C. 设 $z = x + \mathrm{i}y$, 且复函数 $f(z) = u(x, y) + \mathrm{i}v\,(x, y)$ 在 E 上解析, 则 $f'(z) = \dfrac{\partial v}{\partial y} + \mathrm{i}\dfrac{\partial u}{\partial y}$

　D. 若复函数 $f(z)$ 在集 E 上一致连续, 则 $f(z)$ 在 E 上一定连续

10. 下列叙述正确的是 (　　).

　A. 复函数 $f(z)$ 在点 z_0 可导与 $f(z)$ 在点 z_0 解析等价

　B. $\lim\limits_{z \to 0} \dfrac{\bar{z}}{z}$ 存在

　C. 复函数 $f(z)$ 在区域 D 内可导与 $f(z)$ 在 D 内解析等价

　D. $\sin z, \cos z$ 不具有奇偶性

三、(15 分) 证明: 函数 $f(z) = 1 + z^2$ 在单位圆 $|z| < 1$ 内连续且处处不为零, 但 $g(z) = \dfrac{1}{1 + z^2}$ 在单位圆 $|z| < 1$ 内不一致连续.

四、(10 分) 讨论函数 $f(z) = x^3 - y^3 + 2x^2y^2\mathrm{i}$ 的可微性和解析性.

五、(10 分) 设区域 D 是沿正实轴割开的 z 平面, 求函数 $w = z^{\frac{1}{5}}$ 在 D 内满足条件 $(-1)^{\frac{1}{5}} = -1$ 的单值连续解析分支在 $z = 1 - \mathrm{i}$ 的值.

六、(15 分) 设 $z = x + \mathrm{i}y$, $f(z) = my^3 + nx^2y + \mathrm{i}(x^3 + lxy^2)$ 在 z 平面上解析. 试求: (1) m, n, l 的值; (2) 用 z 表示 $f(z)$ 与 $f'(z)$.

七、(15 分) 设 $f(z) = (ax^2 - y^2 + x) + \mathrm{i}(2xy + y)$, 试根据实数 a 的取值讨论 $f(z)$ 的可微性与解析性. 若解析, 求 $f'(z)$.

第 3 章　复变函数的积分

本章将介绍复函数的积分、Cauchy 积分定理和 Cauchy 积分公式, 它们是整个解析函数理论的基础, 由此可以推出解析函数的许多重要性质. 例如, 解析函数有任意阶导数, 并且可以展开为幂级数等.

3.1　复变函数的积分及其性质

3.1.1　复积分的定义与性质

为了叙述方便, 今后提到的曲线 (除特别说明外) 都指简单光滑曲线或分段光滑的简单曲线.

定义 3.1.1　设在复平面 $\mathbb{C}$ 上有一条连接点 z_0 与点 Z 的简单有向曲线

$$L: z = z(t), \quad \alpha \leqslant t \leqslant \beta,$$

它以 $z_0 = z(\alpha)$ 为起点, $Z = z(\beta)$ 为终点, $f(z)$ 沿曲线 L 有定义. 顺着曲线 L 从 z_0 到 Z 的方向在 L 上取分点

$$z_0 = z(\alpha), z_1, \cdots, z_{n-1}, z_n = z(\beta) = Z.$$

将曲线 L 分成 n 个小段 (图 3.1), 第 k 段记作 $L_k(k = 0, 1, \cdots, n-1)$. 在 L_k 上任取一点 $\zeta_k = \alpha_k + \mathrm{i}\eta_k$, 其中 $\alpha_k = \operatorname{Re}\zeta_k, \eta_k = \operatorname{Im}\zeta_k$. 作和数

$$S_n = \sum_{k=0}^{n-1} f(\zeta_k)(z_{k+1} - z_k). \tag{3.1.1}$$

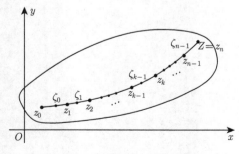

图 3.1

若当 $\lambda = \max\limits_{0 \leqslant k \leqslant n-1}\{\Delta s_k\}$ (Δs_k 为 L_k 的弧长) 趋于零时, 不管分点 z_k 和介点 ζ_k 如何选取, 和数 S_n 都趋于一确定值 J, 则称 $f(z)$ 沿 L (从 z_0 到 Z) **可积**, 而称 J 为 $f(z)$ 沿 L (从 z_0 到 Z) 的**积分**, 记作 $J = \int_L f(z)\mathrm{d}z$, 即

$$\int_L f(z)\mathrm{d}z = \lim_{\lambda \to 0} \sum_{k=0}^{n-1} f(\zeta_k)(z_{k+1} - z_k). \tag{3.1.2}$$

注 若积分 J 存在, 一般不能写成 $\int_{z_0}^{Z} f(z)\mathrm{d}z$, 因为积分值 J 不仅与 z_0, Z 有关, 而且与路径 L 也有关.

复积分有与实函数的定积分或曲线积分类似的**基本性质**. 设 $f(z)$ 和 $g(z)$ 都沿简单曲线 L 可积, 则有

(1) $\int_L \alpha f(z)\mathrm{d}z = \alpha \int_L f(z)\mathrm{d}z$, 其中 α 为复常数;

(2) $\int_L (f(z) + g(z))\mathrm{d}z = \int_L f(z)\mathrm{d}z + \int_L g(z)\mathrm{d}z$;

(3) $\int_L f(z)\mathrm{d}z = \int_{L_1} f(z)\mathrm{d}z + \int_{L_2} f(z)\mathrm{d}z + \cdots + \int_{L_n} f(z)\mathrm{d}z$, 其中曲线 L 由光滑的曲线 $L_1, L_2, \cdots, L_n$ 衔接而成;

(4) $\int_{L^-} f(z)\mathrm{d}z = -\int_L f(z)\mathrm{d}z$, 其中 $\int_{L^-} f(z)\mathrm{d}z$ 表示沿 L 的反向的积分;

(5) 若在 L 上, $|f(z)| \leqslant M$, 而 $\mathcal{L}$ 是曲线 L 的长, 其中 M 及 $\mathcal{L}$ 都是有限的正数, 则

$$\left| \int_L f(z)\mathrm{d}z \right| \leqslant \int_L |f(z)||\mathrm{d}z| = \int_L |f(z)|\mathrm{d}s \leqslant M\mathcal{L},$$

其中 $|\mathrm{d}z| = \sqrt{(\mathrm{d}x)^2 + (\mathrm{d}y)^2} = \mathrm{d}s$ 是弧微分.

下面首先证明性质 (4). 任取曲线 L 的分割 $T: z_0, z_1, \cdots, z_{n-1}, z_n = Z$, 将曲线 L 分成 n 个小段 (图 3.1), 第 k 小段记作 $L_k (k = 0, 1, \cdots, n-1)$. 在 L_k 上任取一点 ζ_k, 则 $T^-: Z = z_n, z_{n-1}, \cdots, z_1, z_0$ 是曲线 L^- 的分割. 于是按定义 3.1.1 得

$$\int_{L^-} f(z)\mathrm{d}z = \lim_{\lambda \to 0} \sum_{k=0}^{n-1} f(\zeta_k)(z_k - z_{k+1})$$

$$= -\lim_{\lambda \to 0} \sum_{k=0}^{n-1} f(\zeta_k)(z_{k+1} - z_k)$$

$$= -\int_L f(z)\mathrm{d}z.$$

其次证明性质 (5). 根据复积分的定义和三角不等式得

$$\left| \sum_{k=0}^{n-1} f(\zeta_k)(z_{k+1} - z_k) \right| \leqslant \sum_{k=0}^{n-1} |f(\zeta_k)||z_{k+1} - z_k| \leqslant \sum_{k=0}^{n-1} |f(\zeta_k)| \cdot \Delta s_k.$$

令 $\lambda = \max\{\Delta s_k\} \to 0$, 取极限便得

$$\left| \int_L f(z)\mathrm{d}z \right| \leqslant \int_L |f(z)|\mathrm{d}s \leqslant \int_L M\mathrm{d}s = M\mathcal{L}. \qquad \Box$$

3.1.2   计算复积分的参数方程法

复积分存在的必要条件显然是被积函数 $f(z)$ 在积分曲线 L 上有界. 下面的定理给出了复积分存在的充分条件.

定理 3.1.1   若复函数 $f(z) = u(x,y) + \mathrm{i}v(x,y)$ 沿简单有向曲线 L 连续, 则 $f(z)$ 沿 L 可积且

$$\int_L f(z)\mathrm{d}z = \int_L u\mathrm{d}x - v\mathrm{d}y + \mathrm{i}\int_L v\mathrm{d}x + u\mathrm{d}y. \tag{3.1.3}$$

证明   设 $z_k = x_k + \mathrm{i}y_k, f(\zeta_k) = u(\alpha_k, \eta_k) + \mathrm{i}v(\alpha_k, \eta_k) = u_k + \mathrm{i}v_k$, 则

$$S_n = \sum_{k=0}^{n-1} f(\zeta_k)(z_{k+1} - z_k)$$

$$= \sum_{k=0}^{n-1} [u_k(x_{k+1} - x_k) - v_k(y_{k+1} - y_k)]$$

$$+ \mathrm{i}\sum_{k=0}^{n-1} [v_k(x_{k+1} - x_k) + u_k(y_{k+1} - y_k)].$$

上式右端的两个和数是对应的两个曲线积分的积分和数.

由于 $f(z)$ 沿曲线 L 连续, 所以 $u(x,y), v(x,y)$ 沿 L 连续, 因此, 根据第二型曲线积分的性质, 当 $\lambda = \max\{\Delta s_k\} \to 0$ 时,

$$S_n \to \int_L u\mathrm{d}x - v\mathrm{d}y + \mathrm{i}\int_L v\mathrm{d}x + u\mathrm{d}y,$$

故 $\int_L f(z)\mathrm{d}z$ 存在且有 (3.1.3) 式. □

如果 L 是简单光滑曲线 $x = \varphi(t), y = \psi(t)(\alpha \leqslant t \leqslant \beta)$ 或

$$z = z(t) = \varphi(t) + \mathrm{i}\psi(t), \quad \alpha \leqslant t \leqslant \beta,$$

并且 α 及 β 分别对应于 z_0 及 Z, 那么将其代入 (3.1.3) 式便得

$$
\begin{aligned}
\int_L f(z)\mathrm{d}z &= \int_L u\mathrm{d}x - v\mathrm{d}y + \mathrm{i}\int_L v\mathrm{d}x + u\mathrm{d}y \\
&= \int_\alpha^\beta [u(\varphi(t), \psi(t))\varphi'(t) - v(\varphi(t), \psi(t))\psi'(t)]\mathrm{d}t \\
&\quad + \mathrm{i}\int_\alpha^\beta [v(\varphi(t), \psi(t))\varphi'(t) + u(\varphi(t), \psi(t))\psi'(t)]\mathrm{d}t \\
&= \int_\alpha^\beta f(z(t))z'(t)\mathrm{d}t.
\end{aligned}
\tag{3.1.4}
$$

这就是计算复积分的**参数方程法**.

若 L 是分段光滑简单曲线, 则可将它分成几段光滑的弧来考虑, 这样可得类似的结果.

3.1.3 典型例子

例 1 设 L 为连接 z_0 到 Z 两点的简单有向曲线, 则

$$
\int_L z\mathrm{d}z = \frac{1}{2}(Z^2 - z_0^2), \quad \int_L \mathrm{d}z = Z - z_0.
\tag{3.1.5}
$$

证明 为简单起见, 设 L 为光滑曲线: $z = z(t) = x(t) + \mathrm{i}y(t), \alpha \leqslant t \leqslant \beta$, $z_0 = z(\alpha), Z = z(\beta)$, 由于复函数 $f(z) = z, g(z) = 1$ 沿曲线 L 连续, 所以根据定理 3.1.1 可得

$$
\begin{aligned}
\int_L z\mathrm{d}z &= \int_\alpha^\beta z(t)z'(t)\mathrm{d}t \\
&= \int_\alpha^\beta [x(t)x'(t) - y(t)y'(t)]\mathrm{d}t + \mathrm{i}\int_\alpha^\beta [x(t)y'(t) + x'(t)y(t)]\mathrm{d}t \\
&= \frac{1}{2}[x^2(t) - y^2(t) + \mathrm{i}2x(t)y(t)]\Big|_\alpha^\beta \\
&= \frac{1}{2}z^2(t)\Big|_\alpha^\beta = \frac{1}{2}[z^2(\beta) - z^2(\alpha)]
\end{aligned}
$$

$$= \frac{1}{2} \left(Z^2 - z_0^2 \right)$$

和

$$\int_L \mathrm{d}z = \int_\alpha^\beta z'(t)\mathrm{d}t = \int_\alpha^\beta x'(t)\mathrm{d}t + \mathrm{i} \int_\alpha^\beta y'(t)\mathrm{d}t$$
$$= \left[x(t) + \mathrm{i}y(t) \right]|_\alpha^\beta$$
$$= z(t)|_\alpha^\beta = Z - z_0.$$

特别地, 若 L 为闭曲线时, $Z = z_0$, 于是有 $\oint_L z\mathrm{d}z = \oint_L \mathrm{d}z = 0.$ □

例 2　设 L 为圆周 $|z - a| = \rho$, 取逆时针方向, 则

$$\int_L \frac{\mathrm{d}z}{(z - a)^n} = \begin{cases} 2\pi\mathrm{i}, & n = 1, \\ 0, & n \neq 1 \ \text{且} \ n \in \mathbb{Z}. \end{cases} \tag{3.1.6}$$

证明　因为圆周 L 的参数方程为 $z = a + \rho\mathrm{e}^{\mathrm{i}\theta}(0 \leqslant \theta \leqslant 2\pi)$, 所以

$$\int_L \frac{\mathrm{d}z}{(z - a)^n} = \int_0^{2\pi} \frac{\mathrm{i}\rho\mathrm{e}^{\mathrm{i}\theta}}{\rho^n\mathrm{e}^{\mathrm{i}n\theta}}\mathrm{d}\theta = \int_0^{2\pi} \frac{\mathrm{i}}{\rho^{n-1}}\mathrm{e}^{-\mathrm{i}(n-1)\theta}\mathrm{d}\theta$$

$$= \begin{cases} \mathrm{i} \cdot \theta|_0^{2\pi} = 2\pi\mathrm{i}, & n = 1, \\[2mm] \dfrac{\rho^{1-n}}{1 - n} \cdot \mathrm{e}^{-\mathrm{i}(n-1)\theta}\bigg|_0^{2\pi} = 0, & n \neq 1, n \in \mathbb{Z}. \end{cases}$$ □

注　这个复积分的值与 a, ρ 均无关.

例 3　计算积分 $\displaystyle\int_L \mathrm{Im}\, z\mathrm{d}z$, 其中曲线 L (图 3.2) 分别为

(1) 由点 O 到 $2+\mathrm{i}$ 的直线段;

(2) 由点 O 到点 2 的直线段及由点 2 到 $2+\mathrm{i}$ 的直线段所组成的折线.

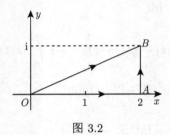

图 3.2

解 (1) 因为直线段 $L = \overline{OB}$ 的参数方程为 $z = 0 + t(2 + i - 0) = (2 + i)t$ $(0 \leqslant t \leqslant 1)$, 所以由 (3.1.4) 式得

$$\int_L \text{Im } z \mathrm{d}z = \int_0^1 \text{Im } [(2 + i)t](2 + i)\mathrm{d}t = (2 + i) \int_0^1 t \mathrm{d}t = \frac{2 + i}{2}.$$

(2) 因为 $\overline{OA}$ 的参数方程为

$$z = 0 + t(2 - 0) = 2t, \quad 0 \leqslant t \leqslant 1,$$

$\overline{AB}$ 的参数方程为 $z = 2 + t(2 + i - 2) = 2 + it$ $(0 \leqslant t \leqslant 1)$, 所以

$$\begin{aligned}
\int_L \text{Im } z \mathrm{d}z &= \int_{\overline{OA}} \text{Im } z \mathrm{d}z + \int_{\overline{AB}} \text{Im } z \mathrm{d}z \\
&= \int_0^1 0 \cdot 2 \mathrm{d}t + \int_0^1 t \cdot i \mathrm{d}t = \frac{i}{2}. \qquad \square
\end{aligned}$$

由例 3 可以看出积分路径不同, 积分结果可以不同.

例 4 试证 $\left| \int_L \dfrac{\mathrm{d}z}{\text{Re } z} \right| \leqslant 3$, 其中 L 为连接 $1 + i$ 和 $4 + i$ 的直线段.

证明 L 的参数方程为 $z = 1 + i + t(4 + i - 1 - i) = 1 + 3t + i$ $(0 \leqslant t \leqslant 1)$. 显然, $f(z) = \dfrac{1}{\text{Re } z}$ 沿曲线 L 连续且当 $z \in L$ 时,

$$|f(z)| = \frac{1}{\text{Re } z} = \frac{1}{1 + 3t} \leqslant 1.$$

而 L 的长为 3, 于是由性质 (5) 得 $\left| \int_L \dfrac{\mathrm{d}z}{\text{Re } z} \right| \leqslant 1 \cdot 3 = 3.$ $\qquad \square$

例 5 设 L 为连接 z_0 到 Z 两点的有向直线段, 记作 $\overline{z_0 Z}$, 求积分 $\displaystyle\int_{\overline{z_0 Z}} |\mathrm{d}z|$ 的值.

解 因为直线段 $\overline{z_0 Z}$ 的参数方程为 $z = z_0 + t(Z - z_0)$ $(0 \leqslant t \leqslant 1)$, 所以由 (3.1.4) 式得

$$\int_{\overline{z_0 Z}} |\mathrm{d}z| = \int_0^1 |Z - z_0||\mathrm{d}t| = |Z - z_0| \int_0^1 \mathrm{d}t = |Z - z_0|. \qquad \square$$

习　题　3.1

1. 计算积分 $\displaystyle\int_L \operatorname{Re} z \mathrm{d}z$, 其中曲线 L 分别为

(1) 由点 0 到 $2+\mathrm{i}$ 的直线段;

(2) 由点 0 到点 2 的直线段及由点 2 到 $2+\mathrm{i}$ 的直线段所组成的折线.

2. 计算积分 $\displaystyle\int_L \bar{z} \mathrm{d}z$, 其中曲线 L 为单位圆周 (按逆时针方向).

3. 试证明:

(1) $\left|\displaystyle\int_L \dfrac{\mathrm{d}z}{z^2}\right| \leqslant 2$, 其中 L 为连接 i 和 $2+\mathrm{i}$ 的直线段;

(2) $\left|\displaystyle\int_L (x^2 + \mathrm{i}y^2) \mathrm{d}z\right| \leqslant \pi$, 其中 L 为左半单位圆周 $|z| = 1$, $\operatorname{Re} z \leqslant 0$.

4. 设 L 是上半单位圆周 $|z| = 1$ 的正向, 试计算如下积分:

(1) $\displaystyle\int_L |z| |\mathrm{d}z|$;   (2) $\displaystyle\int_L |z - 1| |\mathrm{d}z|$;   (3) $\displaystyle\int_L (z - 1) |\mathrm{d}z|$.

3.2　Cauchy 积分定理

由 3.1 节的例 3 知复积分 $\displaystyle\int_L f(z) \mathrm{d}z$ 的值一般与积分路径 L 有关. 又由 3.1

节例 1 知在有些情况下, 复积分 $\displaystyle\int_L f(z) \mathrm{d}z$ 只与积分路径 L 的起点和终点有关,

而与积分路径 L 本身无关. 自然要问: 复积分 $f(z)$ 满足什么条件时有此性质? 这等价于找出 $f(z)$ 沿任一简单闭曲线的积分为零的条件. 本节将要介绍的 Cauchy 积分定理回答了这个问题.

3.2.1　单连通区域的 Cauchy 积分定理

定理 3.2.1 (Cauchy 积分定理)　设 $f(z)$ 是单连通区域 D 内的解析函数, 并且 $f'(z)$ 在 D 内连续. 若 L 是 D 内任一条简单闭曲线, 取逆时针方向, 则

$$\int_L f(z) \mathrm{d}z = 0.$$

证明　记 L 所围成的区域为 G. 由于 $f(z) = u(x, y) + \mathrm{i}v(x, y)$ 在单连通区域 D 内解析, 并且 $f'(z)$ 在 D 内连续, 所以在闭区域 $\overline{G}$ 上, u_x, u_y, v_x, v_y 都连续, 并满足 C-R 条件 $u_x = v_y$, $u_y = -v_x$, 因此根据 Green(格林) 公式得

$$\int_L u\mathrm{d}x - v\mathrm{d}y = \iint_G (-v_x - u_y)\mathrm{d}x\mathrm{d}y = 0,$$

$$\int_L v \mathrm{d}x + u \mathrm{d}y = \iint_G (u_x - v_y) \mathrm{d}x \mathrm{d}y = 0,$$

故根据定理 3.1.1 得

$$\int_L f(z) \mathrm{d}z = \int_L u \mathrm{d}x - v \mathrm{d}y + \mathrm{i} \int_L v \mathrm{d}x + u \mathrm{d}y = 0. \qquad \square$$

定理 3.2.1 就是 Cauchy 于 1825 年建立的积分定理. 在定理中, 除假定 $f(z)$ 在 D 内解析外, 还要假定 $f'(z)$ 在 D 内连续. Goursat (古尔萨) 于 1900 年改进了 Cauchy 的证明, 去掉了 $f'(z)$ 在 D 内连续的假定, 得到如下的 Cauchy-Goursat 积分定理.

定理 3.2.2 (Cauchy-Goursat 积分定理) 设 $f(z)$ 是单连通区域 D 内的解析函数. 若 L 是 D 内任一条简单闭曲线, 取逆时针方向, 则

$$\int_L f(z) \mathrm{d}z = 0. \tag{3.2.1}$$

定理 3.2.2 的证明比较复杂, 在 3.2.2 小节将给出详细证明. 一般地, 有如下定理.

定理 3.2.3 (推广的 Cauchy 积分定理) 设 D 是简单闭曲线 L 所围成的区域. 若 $f(z)$ 在 D 内解析, 在 $\overline{D} = D + L$ 上连续, 则 (3.2.1) 式成立.

注 定理 3.2.3 的证明参见文献 [2], [3]. 对于非单连通区域, 定理 3.2.2 和定理 3.2.3 不一定成立. 例如, 显然 $f(z) = \dfrac{1}{z}$ 在区域 $D = \{z : 0 < |z| < 1\}$ 内解析, 但是由 3.1 节例 2 知 $\displaystyle\int_{|z|=r} \dfrac{\mathrm{d}z}{z} = 2\pi\mathrm{i} \neq 0 \, (0 < r < 1)$.

定理 3.2.4 设 $f(z)$ 在单连通区域 D 内解析, L 是在 D 内连接 z_0 及 z 两点的任一条简单曲线, 则沿 L 从 z_0 到 z 的积分值由 z_0 及 z 所决定, 而不依赖于曲线 L, 这时积分也可记作 $\displaystyle\int_{z_0}^{z} f(\xi) \mathrm{d}\xi$.

证明 设 L_1 是 D 内连接 z_0 及 z 两点的另一条简单曲线, 如图 3.3 所示, 在 D 内作一条连接 z_0 及 z 两点的简单曲线 L_2, 使得 L_2 与 L_1 及 L 都不相

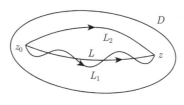

图 3.3

交 (端点除外), 则 $L + L_2^-$ 和 $L_1 + L_2^-$ 都是单连通区域 D 内的简单闭曲线, 于是根据 Cauchy-Goursat 积分定理得

$$\int_{L+L_2^-} f(\xi)\mathrm{d}\xi = \int_L f(\xi)\mathrm{d}\xi - \int_{L_2} f(\xi)\mathrm{d}\xi = 0,$$

$$\int_{L_1+L_2^-} f(\xi)\mathrm{d}\xi = \int_{L_1} f(\xi)\mathrm{d}\xi - \int_{L_2} f(\xi)\mathrm{d}\xi = 0,$$

所以

$$\int_L f(\xi)\mathrm{d}\xi = \int_{L_2} f(\xi)\mathrm{d}\xi = \int_{L_1} f(\xi)\mathrm{d}\xi,$$

即 $\int_L f(\xi)\mathrm{d}\xi$ 只与 z_0 及 z 有关, 而与路径 L 无关, 此时可将其记为 $\int_{z_0}^z f(\xi)\mathrm{d}\xi$. □

应用定理 3.2.4 的方法, 易证明如下定理.

定理 3.2.5　设 $f(z)$ 在区域 D 内连续且对 D 内任意简单闭曲线 L 有

$$\oint_L f(z)\mathrm{d}z = 0,$$

L_1 为在 D 内连接 z_0 及 z 两点的任一条简单曲线, 则 $f(z)$ 沿 L_1 从 z_0 到 z 的积分值由 z_0 及 z 所决定, 而不依赖于曲线 L_1, 这时积分也可记作 $\int_{z_0}^z f(\xi)\mathrm{d}\xi$.

*3.2.2　Cauchy-Goursat 积分定理的证明

为了证明 Cauchy-Goursat 积分定理, 先证明如下引理.

引理 3.2.1　设 f 是区域 D 内的连续函数, L 是 D 内的可求长曲线. 则对于任意给定的 $\varepsilon > 0$, 存在一条内接于 L 并完全在 D 内的折线 P, 使得

$$\left| \int_L f(z)\mathrm{d}z - \int_P f(z)\mathrm{d}z \right| < \varepsilon.$$

证明　作有界区域 G, 使得 $L \subset G \subset \overline{G} \subset D$. 因为 ∂G 是一个闭集, L 是一个紧集, 并且两者不相交, 所以存在 $\delta' > 0$, 使对任意 $z \in \partial G, z^* \in L$ 有 $|z - z^*| \geqslant \delta' > 0$, 即 ∂G 与 L 的距离大于等于 δ'. 因为 f 在 $\overline{G}$ 上连续, 所以 f 在 $\overline{G}$ 上一致连续. 于是, 对任意给定的 $\varepsilon > 0$, 存在 $\delta > 0$, 使当 $z', z'' \in \overline{G}$, $|z' - z''| < \delta$ 时, $|f(z') - f(z'')| < \dfrac{\varepsilon}{2l}$, 其中 l 为 L 的长度, 现取 $\eta = \min\{\delta, \delta'\}$. 在 L 上取分点 $z_0, z_1, \cdots, z_n$, 使每一个弧段 $\overparen{z_{k-1}z_k}$ 的长度都小于 η, 其中 z_0, z_n 分别记为 L

的起点和终点. 连接 z_{k-1} 和 $z_k(k = 1, 2, \cdots, n)$, 就得到一条内接于 L 并完全在 G 内的折线 P, 它与 L 有相同的起点和终点.

记 $L_k = \overparen{z_{k-1}z_k}$, $P_k = \overline{z_{k-1}z_k}$, 则有

$$
\begin{aligned}
\left| \int_{L_k} f(z)\mathrm{d}z - \int_{P_k} f(z)\mathrm{d}z \right| &\leqslant \left| \int_{L_k} f(z)\mathrm{d}z - f(z_{k-1})(z_k - z_{k-1}) \right| \\
&\quad + \left| \int_{P_k} f(z)\mathrm{d}z - f(z_{k-1})(z_k - z_{k-1}) \right| \\
&= \left| \int_{L_k} f(z)\mathrm{d}z - \int_{L_k} f(z_{k-1})\mathrm{d}z \right| \\
&\quad + \left| \int_{P_k} f(z)\mathrm{d}z - \int_{P_k} f(z_{k-1})\mathrm{d}z \right| \\
&= \left| \int_{L_k} (f(z) - f(z_{k-1}))\mathrm{d}z \right| + \left| \int_{P_k} (f(z) - f(z_{k-1}))\mathrm{d}z \right|.
\end{aligned}
$$

当 $z \in L_k$ 或 P_k 时都有 $|z - z_{k-1}| < \eta \leqslant \delta$, 因而 $|f(z) - f(z_{k-1})| < \dfrac{\varepsilon}{2l}$, 故上面两个积分的模都不超过 $\dfrac{\varepsilon}{2l}l_k$, 其中 l_k 为 L_k 的弧长, 所以

$$
\begin{aligned}
\left| \int_L f(z)\mathrm{d}z - \int_P f(z)\mathrm{d}z \right| &\leqslant \sum_{k=1}^{n} \left| \int_{L_k} f(z)\mathrm{d}z - \int_{P_k} f(z)\mathrm{d}z \right| \\
&< \frac{\varepsilon}{l} \sum_{k=1}^{n} l_k = \varepsilon.
\end{aligned}
$$

因此, 折线 P 就符合定理的要求.   □

Cauchy-Goursat 积分定理 (定理 3.2.2) **的证明**   分三步证明如下:

(1) 先假定 L 是一个三角形 $\triangle$ 的边界. 记 $M = \left| \displaystyle\int_L f(z)\mathrm{d}z \right|$, 下面证明 $M = 0$. 连接三角形三边的中点, 把三角形分成 4 个全等的小三角形 (图 3.4), 这 4 个小三角形的边界分别记为 $L^{(1)}, L^{(2)}, L^{(3)}$ 和 $L^{(4)}$. 让 f 沿这 4 个小三角形的边界积分, 从图 3.4 中可以看出中间那个小三角形的边界被来回走了两次, f 在其上的积分恰好抵消, 剩下的积分和正好等于大三角形边界上的积分, 即

$$
\int_L f(z)\mathrm{d}z = \int_{L^{(1)}} f(z)\mathrm{d}z + \int_{L^{(2)}} f(z)\mathrm{d}z + \int_{L^{(3)}} f(z)\mathrm{d}z + \int_{L^{(4)}} f(z)\mathrm{d}z,
$$

于是

$$M = \left| \int_L f(z)\mathrm{d}z \right| \leqslant \left| \int_{L^{(1)}} f(z)\mathrm{d}z \right| + \left| \int_{L^{(2)}} f(z)\mathrm{d}z \right|$$
$$+ \left| \int_{L^{(3)}} f(z)\mathrm{d}z \right| + \left| \int_{L^{(4)}} f(z)\mathrm{d}z \right|.$$

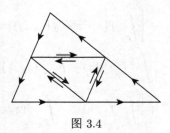

图 3.4

因此, 必有一个小三角形 $\triangle_1$, 记其边界为 $\partial\triangle_1$, f 在其上的积分满足

$$\left| \int_{\partial\triangle_1} f(z)\mathrm{d}z \right| \geqslant \frac{M}{4}.$$

把 $\triangle_1$ 再分成 4 个全等的小三角形, 按照同样的推理, 其中又有一个小三角形 $\triangle_2$, f 在其边界上的积分满足

$$\left| \int_{\partial\triangle_2} f(z)\mathrm{d}z \right| \geqslant \frac{M}{4^2}.$$

这个过程可以一直进行下去, 得到一串三角形 $\triangle_n$, 记它们的边界为 $\partial\triangle_n$, 这串三角形具有下列性质:

(i) $\triangle \supset \triangle_1 \supset \cdots \supset \triangle_n \supset \cdots$;

(ii) 直径 $\mathrm{diam}\triangle_n \to 0$ $(n \to \infty)$;

(iii) $|\partial\triangle_n| = \dfrac{l}{2^n}$, $n = 1, 2, \cdots$, 其中 l 为 L 的长度, $|\partial\triangle_n|$ 表示 $\partial\triangle_n$ 的周长;

(iv) $\left| \displaystyle\int_{\partial\triangle_n} f(z)\mathrm{d}z \right| \geqslant \dfrac{M}{4^n} (n = 1, 2, \cdots)$.

由 (i) 和 (ii), 根据区域套定理知存在唯一的 $z_0 \in \triangle_n$ $(n = 1, 2, \cdots)$. 因为 D 是单连通的, 所以 $z_0 \in D$. 由于 f 在 z_0 处解析, 所以对任意给定的 $\varepsilon > 0$, 存在 $\delta > 0$, 使当 $0 < |z - z_0| < \delta$ 时有

$$\left| \frac{f(z) - f(z_0)}{z - z_0} - f'(z_0) \right| < \varepsilon,$$

即

$$|f(z) - f(z_0) - f'(z_0)(z - z_0)| < \varepsilon|z - z_0|. \tag{3.2.2}$$

取 n 充分大, 使得 $\triangle_n \subset U(z_0; \delta)$, 故当 $z \in \partial\triangle_n$ 时, (3.2.2) 式成立. 显然, 当 $z \in \partial\triangle_n$ 时, $|z - z_0| < |\partial\triangle_n| = \dfrac{l}{2^n}$, 因而当 $z \in \partial\triangle_n$ 时有

$$|f(z) - f(z_0) - f'(z_0)(z - z_0)| < \frac{\varepsilon l}{2^n}. \tag{3.2.3}$$

因为 $\partial\triangle_n$ 是闭曲线, 由 3.1 节的例 1 知

$$\int_{\partial\triangle_n} \mathrm{d}z = 0, \quad \int_{\partial\triangle_n} z\mathrm{d}z = 0.$$

于是有

$$\int_{\partial\triangle_n} [f(z) - f(z_0) - f'(z_0)(z - z_0)]\mathrm{d}z$$

$$= \int_{\partial\triangle_n} f(z)\mathrm{d}z - f(z_0)\int_{\partial\triangle_n} \mathrm{d}z - f'(z_0)\int_{\partial\triangle_n} z\mathrm{d}z + z_0 f'(z_0)\int_{\partial\triangle_n} \mathrm{d}z$$

$$= \int_{\partial\triangle_n} f(z)\mathrm{d}z.$$

利用 (3.2.3) 式和 (iii) 即得

$$\left|\int_{\partial\triangle_n} f(z)\mathrm{d}z\right| \leqslant \frac{\varepsilon l}{2^n}|\partial\triangle_n| = \varepsilon\left(\frac{l}{2^n}\right)^2.$$

再由 (iv) 可得 $M \leqslant \varepsilon l^2$. 又因为 ε 是任意给定的正数, 所以 $M = 0$.

(2) 假定 L 是一个多边形的边界. 从图 3.5 可以看出, 可以把多边形分解成若干个三角形. 与刚才的道理一样, f 沿 L 的积分等于沿各个三角形边界积分的和,

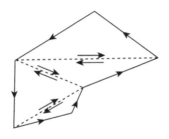

图 3.5

由 (1) 已知沿三角形边界的积分为零, 因而

$$\int_L f(z)\mathrm{d}z = 0.$$

(3) 假定 L 是一般的可求长闭曲线. 根据引理 3.2.1, 对任意给定的 $\varepsilon > 0$, 在 D 内存在闭折线 P, 使得

$$\left| \int_L f(z)\mathrm{d}z - \int_P f(z)\mathrm{d}z \right| < \varepsilon. \tag{3.2.4}$$

由 (2) 和 (3) 即知

$$\int_L f(z)\mathrm{d}z = 0. \qquad\qquad \square$$

3.2.3　复函数的 Newton-Leibniz 公式

定义 3.2.1　设 $f(z)$ 及 $F(z)$ 是区域 D 内确定的函数, $F(z)$ 是 D 内的解析函数, 并且在 D 内有 $F'(z) = f(z)$, 则称 $F(z)$ 为 $f(z)$ 在区域 D 内的一个**原函数**.

注　(1) 除去可能相差一个常数外, 原函数是唯一确定的, 即 $f(z)$ 的任何两个原函数的差是一个常数. 事实上, 设 $\phi(z)$, $F(z)$ 都为 $f(z)$ 在 D 内的原函数, 则

$$[\phi(z) - F(z)]' = \phi'(z) - F'(z) = f(z) - f(z) = 0, \quad z \in D,$$

而 $\phi(z) - F(z)$ 显然在 D 内解析, 所以 $\phi(z) - F(z) \equiv \alpha$, 故

$$\phi(z) = F(z) + \alpha, \quad \alpha \ \text{为一常数}.$$

(2) $f(z)$ 满足什么条件时具有原函数? 当 $f(z)$ 为单连通区域 D 内的解析函数时, $f(z)$ 在 D 内具有原函数 (见后面的推论 3.2.1).

定理 3.2.6　设 $f(z)$ 在区域 D 内连续, 并且对 D 内任意简单闭曲线 L 有

$$\oint_L f(z)\mathrm{d}z = 0,$$

则 $F(z) = \displaystyle\int_{z_0}^{z} f(\xi)\mathrm{d}\xi$ 是 $f(z)$ 在 D 内的原函数, 其中 $z_0, z \in D$.

证明　取定 $z_0 \in D$, 任取 $z \in D$. 根据定理 3.2.5 知

$$F(z) = \int_{z_0}^{z} f(\xi)\mathrm{d}\xi$$

是在 D 内确定的一个函数. 下面证明

$$F'(z) = f(z), \quad \forall z \in D.$$

事实上, 任意取定 $z_1 \in D$, 令 L 为 D 内连接 z_0 与 z_1 的一条简单曲线, 取 $z \in D$ 与 z_1 充分接近 (图 3.6), 记 $L_1 = L + \overline{z_1 z}$, 则

$$\begin{aligned}
F(z) - F(z_1) &= \int_{z_0}^{z} f(\xi)\mathrm{d}\xi - \int_{z_0}^{z_1} f(\xi)\mathrm{d}\xi \\
&= \int_{L_1} f(\xi)\mathrm{d}\xi - \int_{L} f(\xi)\mathrm{d}\xi \\
&= \int_{\overline{z_1 z}} f(\xi)\mathrm{d}\xi,
\end{aligned}$$

于是

$$F(z) - F(z_1) - (z - z_1)f(z_1) = \int_{\overline{z_1 z}} [f(\xi) - f(z_1)]\mathrm{d}\xi.$$

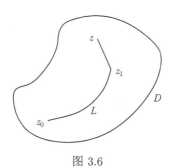

图 3.6

因为 $f(z)$ 在 z_1 处连续, 所以 $\forall \varepsilon > 0, \exists \delta > 0$, 使当 $z \in D$ 且 $|z - z_1| < \delta$ 时有

$$|f(z) - f(z_1)| < \varepsilon,$$

因此, 当 $z \in D$ 且 $|z - z_1| < \delta$ 时, 由上式和 3.1 节的例 5 得

$$\begin{aligned}
|F(z) - F(z_1) - (z - z_1)f(z_1)| &= \left| \int_{\overline{z_1 z}} [f(\xi) - f(z_1)]\mathrm{d}\xi \right| \\
&\leqslant \int_{\overline{z_1 z}} |f(\xi) - f(z_1)| \, |\mathrm{d}\xi| \\
&\leqslant \int_{\overline{z_1 z}} \varepsilon \, |\mathrm{d}\xi| = \varepsilon |z - z_1|,
\end{aligned}$$

即当 $z \in D$ 且 $0 < |z - z_1| < \delta$ 时有

$$\left| \frac{F(z) - F(z_1)}{z - z_1} - f(z_1) \right| \leqslant \varepsilon,$$

故

$$F'(z_1) = \lim_{z \to z_1} \frac{F(z) - F(z_1)}{z - z_1} = f(z_1).$$

而 z_1 是任意的, 则得 $F(z)$ 为 $f(z)$ 在 D 内的一个原函数.　　　　　　　□

根据定理 3.2.2 和定理 3.2.6 可得如下推论.

推论 3.2.1　设 $f(z)$ 在单连通区域 D 内解析, 则 $f(z)$ 在 D 内有原函数.

定理 3.2.7 (Newton(牛顿)-Leibniz(莱布尼茨) 公式)　设 $f(z)$ 在单连通区域 D 内解析, $F(z)$ 是 $f(z)$ 在 D 内的一个原函数. 若 $\alpha, \beta \in D$ 且 L 是 D 内连接 α 及 β 的一条光滑曲线或分段光滑曲线, 则

$$\int_L f(z)\mathrm{d}z = F(\beta) - F(\alpha). \tag{3.2.5}$$

证明　由假设, 根据推论 3.2.1 和定理 3.2.6, 函数 $\Phi(z) = \displaystyle\int_\alpha^z f(\xi)\mathrm{d}\xi$ 是 $f(z)$ 在 D 内的原函数, 其中 $\alpha, z \in D$. 而 $F(z)$ 也是 $f(z)$ 在 D 内的一个原函数, 于是

$$F(z) = \Phi(z) + c, \quad \forall z \in D.$$

在上式中令 $z = \alpha$, 则 $c = F(\alpha)$, 于是

$$\Phi(z) = \int_\alpha^z f(\xi)\mathrm{d}\xi = F(z) - F(\alpha),$$

所以在上式中令 $z = \beta$, 并取积分路线为 L 得

$$\int_L f(z)\mathrm{d}z = F(\beta) - F(\alpha).$$

　　　　　　　　　　　　　　　　　　　　　　　　　　　　　　　□

注　(1) 由定理 3.2.7 知可用原函数求解析函数的积分. 但是应当注意到只是对**单连通区域**证明了解析函数的 Newton-Leibniz 公式.

(2) 换元法和分部积分法对复积分也成立.

3.2.4 多连通区域上的 Cauchy 积分定理

定理 3.2.3 可进一步推广到**多连通区域**的情形.

设有 $n+1$ 条简单闭曲线 $L_0, L_1, \cdots, L_n$, 其中曲线 $L_1, L_2, \cdots, L_n$ 中每一条都在其余曲线的外部, 并且所有这些曲线都在 L_0 的内部, 曲线 L_0 及 $L_1, L_2, \cdots,$ L_n 围成一个有界多连通区域 D. 此时记区域 D 全部边界为 $L = L_0 + L_1^- + L_2^- + \cdots + L_n^-, \overline{D} = D + L$. 边界 L 关于 D 的正向是指沿 L_0 按逆时针方向, 沿 $L_1, L_2, \cdots, L_n$ 按顺时针方向, 亦即当点沿着 L 按所选定的方向运动时, 区域 D 附近总在它的左侧.

定理 3.2.8 (多连通区域上的 Cauchy 积分定理) 若 $f(z)$ 在有界多连通区域 D 内解析, 在 $\overline{D}$ 上连续, 则

$$\int_L f(z)\mathrm{d}z = 0, \tag{3.2.6}$$

其中 L 为 D 的全部边界, 积分是沿 L 的正向取的. (3.2.6) 式也可写成

$$\int_L f(z)\mathrm{d}z = \int_{L_0} f(z)\mathrm{d}z + \int_{L_1^-} f(z)\mathrm{d}z + \int_{L_2^-} f(z)\mathrm{d}z + \cdots + \int_{L_n^-} f(z)\mathrm{d}z = 0 \tag{3.2.7}$$

或

$$\int_{L_0} f(z)\mathrm{d}z = \int_{L_1} f(z)\mathrm{d}z + \int_{L_2} f(z)\mathrm{d}z + \cdots + \int_{L_n} f(z)\mathrm{d}z. \tag{3.2.8}$$

证明 如图 3.7 所示, 用线段 ab, cd, ef 将 L_0, L_1, L_2 连接起来, 得到两条闭合曲线 $\gamma : amfendcpba$ 与 $\gamma' : abp'cdn'efm'a$. 根据单连通区域上的 Cauchy 积分定理得

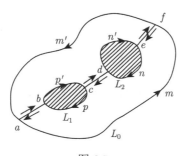

图 3.7

$$\int_{\gamma} f(z)\mathrm{d}z = 0, \quad \int_{\gamma'} f(z)\mathrm{d}z = 0,$$

所以

$$\int_{L} f(z)\mathrm{d}z = \int_{\gamma} f(z)\mathrm{d}z + \int_{\gamma'} f(z)\mathrm{d}z = 0. \qquad \square$$

以后除特别说明外, 关于沿区域边界的积分都指按关于区域的正向取的, 关于沿简单闭曲线的积分都是指按逆时针方向取的.

3.2.5　典型例题

例 1　计算 $\displaystyle\int_{-3}^{-3+\mathrm{i}} (z+3)^2\mathrm{d}z$.

解　因为 $(z+3)^2$ 在复平面 $\mathbb{C}$ 上解析, 并且有原函数 $\dfrac{1}{3}(z+3)^3$, 所以由定理 3.2.7 得

$$原式 = \frac{1}{3}(z+3)^3\Big|_{-3}^{-3+\mathrm{i}} = \frac{1}{3}\cdot\mathrm{i}^3 - 0 = -\frac{\mathrm{i}}{3}. \qquad \square$$

例 2　计算 $I = \displaystyle\int_{|z|=1} \frac{z\mathrm{e}^z}{z^2+2}\mathrm{d}z$.

解　因为 $\dfrac{z\mathrm{e}^z}{z^2+2}$ 在单连通区域 $|z| < \sqrt{2}$ 内解析, 所以根据 Cauchy-Goursat 积分定理得

$$I = \int_{|z|=1} \frac{z\mathrm{e}^z}{z^2+2}\mathrm{d}z = 0. \qquad \square$$

例 3　设 a 为有限条简单闭曲线所围成的多连通区域 D 内一点, L 为 D 的边界, 则

$$\int_{L} \frac{\mathrm{d}z}{(z-a)^n} = \begin{cases} 2\pi\mathrm{i}, & n = 1, \\ 0, & n \in \mathbb{Z} \text{ 且 } n \neq 1. \end{cases}$$

证明　以 a 为圆心、充分小的 r 为半径作圆周 L', 使 L' 全含于 L 的内部 (图 3.8), 则由 (3.2.8) 式和 3.1 节例 2 可得

$$\int_{L} \frac{\mathrm{d}z}{(z-a)^n} = \int_{L'} \frac{\mathrm{d}z}{(z-a)^n}$$

$$= \begin{cases} 2\pi i, & n = 1, \\ 0, & n \in \mathbb{Z} \text{ 且 } n \neq 1. \end{cases}$$

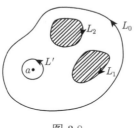

图 3.8

特别地, $\displaystyle\int_L \frac{\mathrm{d}z}{z-a} = 2\pi i.$ □

例 4 (1) 设 D 是不含 α 的一个单连通区域且 z_0 及 $z \in D$, 则

$$\int_{z_0}^{z} \frac{\mathrm{d}\xi}{(\xi - \alpha)^m} = \frac{1}{1-m}\left[\frac{1}{(z-\alpha)^{m-1}} - \frac{1}{(z_0 - \alpha)^{m-1}}\right],$$

其中 $m \neq 1, m \in \mathbb{Z}$.

(2) 又设 D 在复平面上沿从 α 出发的任何射线剪开所得的区域内, 则

$$\int_{z_0}^{z} \frac{\mathrm{d}\xi}{\xi - \alpha} = \ln(z - \alpha) - \ln(z_0 - \alpha), \quad z_0, z \in D,$$

其中对数应理解为 $\mathrm{Ln}(z - \alpha)$ 在 D 内的一个解析分支在 z 及 z_0 的值. 以上两积分都是沿 D 内任一连接 z_0 及 z 的简单曲线取的.

证明 (1) 因为 $\forall z \in D$ 有

$$\left[\frac{1}{1-m} \cdot \frac{1}{(z-\alpha)^{m-1}}\right]' = \frac{1}{(z-\alpha)^m},$$

所以 $\dfrac{1}{1-m} \cdot \dfrac{1}{(z-\alpha)^{m-1}}$ 为 $\dfrac{1}{(z-\alpha)^m}$ 在 D 内的一个原函数. 又由于 D 是不含 α 的单连通区域, 所以 $\dfrac{1}{(z-\alpha)^m}$ 在 D 内解析, 因此, 由定理 3.2.7 得

$$\int_{z_0}^{z} \frac{\mathrm{d}\xi}{(\xi - \alpha)^m} = \frac{1}{1-m} \cdot \frac{1}{(\xi - \alpha)^{m-1}}\bigg|_{z_0}^{z} = \frac{1}{1-m}\left[\frac{1}{(z-\alpha)^{m-1}} - \frac{1}{(z_0 - \alpha)^{m-1}}\right].$$

(2) 对 $\mathrm{Ln}(z - \alpha)$ 在 D 内的一个解析分支 $\ln(z - \alpha)$ 有 $[\ln(z - \alpha)]' = \dfrac{1}{z - \alpha}$, 即 $\ln(z - \alpha)$ 为 $\dfrac{1}{z - \alpha}$ 在 D 内的一个原函数, 所以由定理 3.2.7 得

$$\int_{z_0}^{z} \frac{\mathrm{d}\xi}{\xi - \alpha} = \ln(\xi - \alpha)\big|_{z_0}^{z} = \ln(z - \alpha) - \ln(z_0 - \alpha). \qquad \square$$

习 题 3.2

1. 计算如下复积分:

(1) $\displaystyle\int_{-1}^{-1+2\mathrm{i}} (z + 1)^5 \mathrm{d}z$; \qquad (2) $\displaystyle\int_{0}^{\pi+3\mathrm{i}} \sin\frac{z}{3} \mathrm{d}z$.

2. 设下列积分中的积分路线 L 为单位圆周, 取逆时针方向, 试不用计算, 写出积分值:

(1) $\displaystyle\int_{L} \frac{\mathrm{d}z}{z^2 - 4z + 5}$; \qquad (2) $\displaystyle\int_{L} \sin z^2 \mathrm{d}z$;

(3) $\displaystyle\int_{L} \frac{\mathrm{d}z}{3z - 1}$; \qquad (4) $\displaystyle\int_{L} \frac{\mathrm{d}z}{2z^2 - z}$.

3. 试证明定理 3.2.5.

4. 试证明推论 3.2.1.

3.3 Cauchy 积分公式

3.3.1 解析函数的 Cauchy 积分公式

本节介绍 Cauchy 积分公式, 它是 Cauchy 积分定理最重要的推广之一, 是解析函数的一种积分表示. 利用这种表示, 可以证明解析函数有任意阶导数, 并且可以展开为幂级数等. 为此, 下面先建立如下引理.

引理 3.3.1 设 $f(z)$ 在以圆 $L : |z - z_0| = \rho_0 (0 < \rho_0 < +\infty)$ 为边界的闭圆盘上解析, 则

$$\int_{L} \frac{f(z)}{z - z_0} \mathrm{d}z = 2\pi\mathrm{i} f(z_0). \tag{3.3.1}$$

证明 作以 z_0 为圆心、以 ρ $(0 < \rho < \rho_0)$ 为半径的圆 L_ρ, 由 (3.2.8) 式有

$$\int_{L} \frac{f(z)}{z - z_0} \mathrm{d}z = \int_{L_\rho} \frac{f(z)}{z - z_0} \mathrm{d}z. \tag{3.3.2}$$

(3.3.2) 式对满足 $0 < \rho < \rho_0$ 的任何 ρ 成立, 于是

$$\int_{L} \frac{f(z)}{z - z_0} \mathrm{d}z = \lim_{\rho \to 0^+} \int_{L_\rho} \frac{f(z)}{z - z_0} \mathrm{d}z. \tag{3.3.3}$$

下面证明 $\displaystyle\lim_{\rho\to0^+}\int_{L_\rho}\frac{f(z)}{z-z_0}\mathrm{d}z=2\pi\mathrm{i}f(z_0).$

由于 $2\pi\mathrm{i}f(z_0)=f(z_0)\displaystyle\int_{L_\rho}\frac{\mathrm{d}z}{z-z_0}=\int_{L_\rho}\frac{f(z_0)}{z-z_0}\mathrm{d}z,$ 所以

$$\int_{L_\rho}\frac{f(z)}{z-z_0}\mathrm{d}z-2\pi\mathrm{i}f(z_0)=\int_{L_\rho}\frac{f(z)-f(z_0)}{z-z_0}\mathrm{d}z. \tag{3.3.4}$$

因为 $f(z)$ 在 z_0 处连续, 所以 $\forall\varepsilon>0,\exists\delta>0(\delta\leqslant\rho_0)$, 使当 $|z-z_0|<\delta$ 时有

$$|f(z)-f(z_0)|<\frac{\varepsilon}{2\pi}.$$

于是当 $\rho<\delta$ 时, 由 (3.3.4) 式有

$$\left|\int_{L_\rho}\frac{f(z)}{z-z_0}\mathrm{d}z-2\pi\mathrm{i}f(z_0)\right|\leqslant\int_{L_\rho}\frac{|f(z)-f(z_0)|}{|z-z_0|}|\mathrm{d}z|\quad(z=z_0+\rho\mathrm{e}^{\mathrm{i}\theta},0\leqslant\theta\leqslant2\pi)$$

$$\leqslant\int_0^{2\pi}\frac{\varepsilon/2\pi}{\rho}\cdot\rho\mathrm{d}\theta=\varepsilon,$$

所以

$$\lim_{\rho\to0^+}\int_{L_\rho}\frac{f(z)}{z-z_0}\mathrm{d}z=2\pi\mathrm{i}f(z_0),$$

因此, 由 (3.3.3) 式及上式便得 (3.3.1) 式. □

推论 3.3.1 (平均值公式) 设 $f(z)$ 在圆盘 $|z-z_0|<R(R>0)$ 内解析, 则对于 $0<r<R$ 有

$$f(z_0)=\frac{1}{2\pi}\int_0^{2\pi}f(z_0+r\mathrm{e}^{\mathrm{i}\theta})\mathrm{d}\theta.$$

定理 3.3.1 (Cauchy 积分公式) 设 D 是有界区域, 其边界 L 由有限条简单闭曲线组成, $f(z)$ 在区域 D 内解析, 在 $\overline{D}=D+L$ 上连续, 则对任意 $z\in D$ 有

$$f(z)=\frac{1}{2\pi\mathrm{i}}\int_L\frac{f(\xi)}{\xi-z}\mathrm{d}\xi. \tag{3.3.5}$$

证明 取定 $z\in D$, 作以 z 为圆心、充分小的 $\rho>0$ 为半径的圆周 L_ρ, 使以 L_ρ 为边界的闭圆盘包含在 D 内 (图 3.9), 记 $\overline{D}_\rho$ 为 $\overline{D}$ 挖去以 L_ρ 为边界的开圆盘所得闭区域, 显然 $f(\xi)$ 及 $\dfrac{f(\xi)}{\xi-z}$ 在区域 D_ρ 内解析, 在 $\overline{D}_\rho$ 上连续, 所以

由 (3.2.8) 式有

$$\int_L \frac{f(\xi)}{\xi - z} \mathrm{d}\xi = \int_{L_\rho} \frac{f(\xi)}{\xi - z} \mathrm{d}\xi.$$

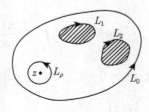

图 3.9

注意到 $f(\xi)$ 在以 L_ρ 为边界的闭圆盘上解析, 因此, 由上式与 (3.3.1) 式得

$$\int_L \frac{f(\xi)}{\xi - z} \mathrm{d}\xi = 2\pi \mathrm{i} f(z),$$

即 (3.3.5) 式成立.   □

3.3.2 解析函数的任意阶可导性和 Morera 定理

由 (3.3.5) 式, 形式地在积分号下求导数, 可推测出如下结果.

定理 3.3.2   在定理 3.3.1 的假设下, $f(z)$ 在 D 内有任意阶导数

$$f^{(n)}(z) = \frac{n!}{2\pi \mathrm{i}} \int_L \frac{f(\xi)}{(\xi - z)^{n+1}} \mathrm{d}\xi, \quad n = 1, 2, \cdots, \quad z \in D. \tag{3.3.6}$$

证明   只证明 $n = 1$ 的情况, 其他情况可用数学归纳法证明.

当 $n = 1$ 时, 取定 $z \in D$, 取 $h \neq 0$, 使得 $z + h \in D$, 则有

$$\frac{f(z + h) - f(z)}{h} - \frac{1}{2\pi \mathrm{i}} \int_L \frac{f(\xi)}{(\xi - z)^2} \mathrm{d}\xi$$

$$= \frac{1}{h} \left[\frac{1}{2\pi \mathrm{i}} \int_L \frac{f(\xi)}{\xi - z - h} \mathrm{d}\xi - \frac{1}{2\pi \mathrm{i}} \int_L \frac{f(\xi)}{\xi - z} \mathrm{d}\xi - \frac{h}{2\pi \mathrm{i}} \int_L \frac{f(\xi)}{(\xi - z)^2} \mathrm{d}\xi \right]$$

$$= \frac{h}{2\pi \mathrm{i}} \int_L \frac{f(\xi)}{(\xi - z - h)(\xi - z)^2} \mathrm{d}\xi. \tag{3.3.7}$$

下面来估计 (3.3.7) 式右边的积分. 为此, 取 $d > 0$, 使得 $\{\eta : |\eta - z| \leqslant 2d\} \subset D$. 限制 $0 < |h| < d$, 则当 $\xi \in L$ 时,

$$|\xi - z| > 2d, \quad |\xi - z - h| \geqslant |\xi - z| - |h| > 2d - d = d.$$

设 M 为 $|f(z)|$ 在 L 上的一个上界, L 的长度为 $\mathcal{L}$, 则 M 与 $\mathcal{L}$ 有限. 于是

$$
\left| \frac{f(z+h) - f(z)}{h} - \frac{1}{2\pi i} \int_L \frac{f(\xi)}{(\xi - z)^2} d\xi \right| = \left| \frac{h}{2\pi i} \int_L \frac{f(\xi)}{(\xi - z - h)(\xi - z)^2} d\xi \right|
$$

$$
\leqslant \frac{|h|}{2\pi} \cdot \int_L \frac{|f(\xi)||d\xi|}{|\xi - z - h| \cdot |\xi - z|^2}
$$

$$
\leqslant \frac{|h|}{2\pi} \cdot \frac{M\mathcal{L}}{4d^3},
$$

所以, 当 $h \to 0$ 时, (3.3.7) 式右边的积分趋于 0, 即

$$
f'(z) = \frac{1}{2\pi i} \int_L \frac{f(\xi)}{(\xi - z)^2} d\xi, \quad z \in D. \qquad \square
$$

推论 3.3.2 设 $f(z)$ 在区域 D 内解析, 则 $f(z)$ 在 D 内有任意阶导数.

证明 任取 $z_0 \in D$, 则存在 $\delta > 0$, 使得 $\overline{U(z_0, \delta)} \subset D$. 对 $f(z)$ 在 $\overline{U(z_0, \delta)}$ 上应用定理 3.3.2, $f(z)$ 在 $U(z_0, \delta)$ 内有任意阶导数, 特别在 z_0 处有任意阶导数. 而 z_0 任意, 故 $f(z)$ 在 D 内有任意阶导数. $\qquad \square$

注 由推论 3.3.1 可得推论 2.2.2 的充分条件也是必要的, 即有 $f(z)$ 在区域 D 内解析的充要条件为 u_x, u_y, v_x, v_y 都在 D 内连续且满足 C-R 条件.

定理 3.3.3 (Morera (莫雷拉) 定理) 若 $f(z)$ 在区域 D 内连续, 并且对 D 内任意简单闭曲线 L 有

$$
\oint_L f(z) dz = 0, \tag{3.3.8}
$$

则 $f(z)$ 在 D 内解析.

证明 取定 $z_0 \in D$. 由于 $f(z)$ 在区域 D 内连续, 并且对 D 内任一简单闭曲线 L, (3.3.8) 式成立, 所以根据定理 3.2.6 得

$$
F(z) = \int_{z_0}^z f(\xi) d\xi
$$

是 $f(z)$ 在 D 内的一个原函数, 即 $F'(z) = f(z) \ (\forall z \in D)$, 因此, $F(z)$ 在 D 内解析, 故由推论 3.3.1 得 $f(z) = F'(z)$ 在 D 内解析. $\qquad \square$

例 1 求下列积分:

(1) $\displaystyle\int_{|z|=2} \frac{3z-1}{(z+1)(z-3)} dz$; (2) $\displaystyle\int_{|z-1|=1} \frac{\sin z}{(z-1)^3} dz$;

(3) $\displaystyle\int_{|z|=3} \frac{1}{z(1-z)^3} dz$; (4) $\displaystyle\int_{|z|=4} \frac{3z-1}{(z+1)(z-3)} dz$.

解 (1) 显然 $f(z) = \dfrac{3z-1}{(z+1)(z-3)}$ 只有一个奇点 $z = -1$ 在 $|z| < 2$ 内, 并

且复函数 $g(z) = \dfrac{3z-1}{z-3}$ 在 $|z| < 2$ 内解析, 在 $|z| \leqslant 2$ 上连续, 于是根据定理 3.3.1

得

$$\text{原式} = \int_{|z|=2} \frac{\dfrac{3z-1}{z-3}}{z-(-1)} \mathrm{d}z = 2\pi\mathrm{i} \cdot \frac{3z-1}{z-3}\bigg|_{z=-1} = 2\pi\mathrm{i}.$$

(2) 根据定理 3.3.2 得

$$\text{原式} = \frac{2\pi\mathrm{i}}{2!} \cdot (\sin z)''\bigg|_{z=1} = \pi\mathrm{i}(-\sin z)|_{z=1} = -\pi\mathrm{i}\sin 1.$$

(3) 根据 (3.2.8) 式、定理 3.3.1 和定理 3.3.2 得

$$\text{原式} = \int_{|z|=\frac{1}{2}} \frac{\dfrac{1}{(1-z)^3}}{z}\mathrm{d}z + \int_{|z-1|=\frac{1}{3}} \frac{-\dfrac{1}{z}}{(z-1)^3}\mathrm{d}z$$

$$= 2\pi\mathrm{i} \cdot \frac{1}{(1-z)^3}\bigg|_{z=0} + \frac{2\pi\mathrm{i}}{2!} \cdot \left(-\frac{1}{z}\right)''\bigg|_{z=1}$$

$$= 2\pi\mathrm{i} - \pi\mathrm{i} \cdot \frac{2}{z^3}\bigg|_{z=1} = 0.$$

(4) 因为 $\dfrac{3z-1}{(z+1)(z-3)} = \dfrac{1}{z+1} + \dfrac{2}{z-3}$, 所以

$$\text{原式} = \int_{|z|=4} \frac{1}{z+1}\mathrm{d}z + \int_{|z|=4} \frac{2}{z-3}\mathrm{d}z = 2\pi\mathrm{i} + 2\pi\mathrm{i} \cdot 2 = 6\pi\mathrm{i}. \qquad \square$$

3.3.3　Cauchy 不等式和 Liouville 定理

利用定理 3.3.2, 可以建立如下的 Cauchy 不等式, 进一步得到 Liouville (刘维尔) 定理. 为此, 先给出整函数的定义.

定义 3.3.1　在整个复平面上解析的函数称为**整函数**.

例如, 多项式与 e^z, $\sin z$, $\cos z$ 都是整函数.

定理 3.3.4 (Cauchy 不等式)　设 $f(z)$ 在以 $L: |z-z_0| = \rho_0 (0 < \rho_0 < +\infty)$ 为边界的闭圆盘上连续, 在 $|z-z_0| < \rho_0$ 内解析, 则

$$\left|f^{(n)}(z_0)\right| \leqslant \frac{n!M(\rho)}{\rho^n}, \quad n = 0, 1, \cdots, \quad 0! = 1,$$

其中 $M(\rho) = \max\limits_{|z-z_0|=\rho} |f(z)|\,(0 < \rho \leqslant \rho_0)$.

证明　应用定理 3.3.2 于闭圆盘 $\overline{K} : |z - z_0| \leqslant \rho\,(0 < \rho \leqslant \rho_0)$ 上有

$$\begin{aligned}
\left|f^{(n)}(z_0)\right| &= \left|\frac{n!}{2\pi i} \int_{|z-z_0|=\rho} \frac{f(z)\mathrm{d}z}{(z-z_0)^{n+1}}\right| \\
&\leqslant \frac{n!}{|2\pi i|} \int_{|z-z_0|=\rho} \frac{|f(z)||\mathrm{d}z|}{|z-z_0|^{n+1}} \\
&\leqslant \frac{n!}{2\pi} \int_{|z-z_0|=\rho} \frac{M(\rho)}{\rho^{n+1}} \cdot |\mathrm{d}z| \\
&= \frac{n!M(\rho)}{2\pi\rho^{n+1}} \cdot 2\pi\rho = \frac{n!M(\rho)}{\rho^n}.
\end{aligned}$$
$\qquad\square$

注　Cauchy 不等式说明在定理 3.3.4 的条件下, $f(z)$ 在 $z = z_0$ 处的各阶导数之模, 可用 $|f(z)|$ 在 $|z - z_0| = \rho\,(0 < \rho \leqslant \rho_0)$ 上的最大值来估计.

定理 3.3.5 (Liouville 定理)　有界整函数必定恒等于常数.

证明　设 $f(z)$ 是一有界整函数, 则 $f(z)$ 在整个复平面 $\mathbb{C}$ 上解析且存在 $M > 0$, 使得 $|f(z)| < M$. 要证明 $f(z) \equiv$ 常数, 只需证明 $f'(z) \equiv 0$.

任取 $z_0 \in \mathbb{C}, \forall \rho \in (0, +\infty)$, 显然 $f(z)$ 在 $\{z \mid |z - z_0| \leqslant \rho\}$ 上解析, 于是由 Cauchy 不等式得

$$0 \leqslant |f'(z_0)| \leqslant \frac{M}{\rho}.$$

令 $\rho \to +\infty$ 得 $f'(z_0) = 0$, 而由 z_0 的任意性, 所以 $f'(z) \equiv 0$, 故 $f(z)$ 在 $\mathbb{C}$ 上恒等于常数.
$\qquad\square$

例 2　设 $f(z)$ 为一整函数且存在 $M \in \mathbb{R}$, 使对任意 $z \in \mathbb{C}$ 有

$$\mathrm{Re}f(z) > M,$$

试证明 $f(z)$ 恒为常数.

证明　令 $F(z) = \mathrm{e}^{-f(z)}$, 则 $F(z)$ 也为整函数且

$$|F(z)| = \mathrm{e}^{-\mathrm{Re}f(z)} < \mathrm{e}^{-M},$$

于是由 Liouville 定理得 $F(z) \equiv$ 常数, 所以 $F'(z) = -f'(z)\mathrm{e}^{-f(z)} \equiv 0$, 因此 $f'(z) \equiv 0$, 故 $f(z)$ 恒为常数.
$\qquad\square$

注　可将条件 $\operatorname{Re} f(z) > M$ 换为 $\operatorname{Re} f(z) < M$ 或 $\operatorname{Im} f(z) < M$, 或 $\operatorname{Im} f(z) > M$, 结论仍成立. 也可将条件 $\operatorname{Re} f(z) > M$ 换为 $u(x,y) + v(x,y) < M$, 或存在实常数 c, d 满足 $c^2 + d^2 \neq 0$, 使得 $cu(x,y) + dv(x,y) < M$ 或 $cu(x,y) + dv(x,y) > M$, 结论仍成立.

例 3　设 $f(z)$ 为整函数且 $|f(z)| \leqslant 1 + \sqrt{|z|}\,(\forall z \in \mathbb{C})$, 试证明 $f(z)$ 恒为常数.

证明　任取 $z_0 \in \mathbb{C}, R > 0$, 则显然 $f(z)$ 在 $|z - z_0| \leqslant R$ 上解析, 于是由 Cauchy 不等式得

$$|f'(z_0)| \leqslant \frac{M(R)}{R},$$

而 $M(R) = \max\limits_{|z-z_0|=R} |f(z)| \leqslant \max\limits_{|z-z_0|=R} (1 + \sqrt{|z|}) \leqslant 1 + \sqrt{|z_0| + R}$, 所以

$$|f'(z_0)| \leqslant \frac{1 + \sqrt{|z_0| + R}}{R} = \frac{1}{R} + \sqrt{\frac{|z_0|}{R^2} + \frac{1}{R}}.$$

令 $R \to +\infty$ 得 $f'(z_0) = 0$, 而 z_0 任意, 所以 $f'(z) \equiv 0$, 故 $f(z) \equiv$ 常数.　□

*3.3.4　调和函数

定义 3.3.2　假定二元实函数 $H(x,y)$ 在区域 D 内有二阶连续偏导数. 如果 $H(x,y)$ 在区域 D 内满足 Laplace (拉普拉斯) 方程

$$\Delta H = \frac{\partial^2 H}{\partial x^2} + \frac{\partial^2 H}{\partial y^2} = 0,$$

那么称 H 为区域 D 内的**调和函数**.

如果复函数 $f(z) = u(x,y) + \mathrm{i}v(x,y)$ 在区域 D 内解析, 则其实部 $u(x,y)$ 和虚部 $v(x,y)$ 都是区域 D 内的调和函数. 事实上, 由于 $u(x,y)$ 和 $v(x,y)$ 在 D 内满足 C-R 条件且具有任意阶连续偏导数

$$\frac{\partial u}{\partial x} = \frac{\partial v}{\partial y}, \quad \frac{\partial u}{\partial y} = -\frac{\partial v}{\partial x}, \tag{3.3.9}$$

所以

$$\frac{\partial^2 u}{\partial x^2} = \frac{\partial^2 v}{\partial y \partial x}, \quad \frac{\partial^2 u}{\partial y^2} = -\frac{\partial^2 v}{\partial x \partial y} = -\frac{\partial^2 v}{\partial y \partial x},$$

因此

$$\Delta u = \frac{\partial^2 u}{\partial x^2} + \frac{\partial^2 u}{\partial y^2} = 0,$$

即实部 $u(x, y)$ 是区域 D 内的调和函数. 类似可证明虚部 $v(x, y)$ 也是区域 D 内的调和函数.

显然, 区域 D 内的任何两个调和函数 $u(x, y)$ 和 $v(x, y)$ 的组合 $u(x, y) +$ $iv(x, y)$ 不一定在区域 D 内解析, 因为它们不一定满足 C-R 条件. 如果区域 D 内的两个调和函数 $u(x, y)$ 和 $v(x, y)$ 满足 C-R 条件 (3.3.9), 则 $u(x, y) +$ $iv(x, y)$ 一定在区域 D 内解析, 此时称 $v(x, y)$ 为 $u(x, y)$ 在区域 D 内的**共轭调和函数**.

综上所述, 已经证明了如下定理.

定理 3.3.6 若复函数 $f(z) = u(x, y) + iv(x, y)$ 在区域 D 内解析, 则 $u(x, y)$ 和 $v(x, y)$ 都是 D 内的调和函数, 并且 $v(x, y)$ 是 $u(x, y)$ 在 D 内的共轭调和函数.

例 4 验证 $u(x, y) = x^2 - y^2 + x$ 是 z 平面上调和函数, 并求以 $u(x, y)$ 为实部的解析函数 $f(z)$, 使得 $f(0) = 0$.

解 因为在 z 平面上有

$$\frac{\partial^2 u}{\partial x^2} + \frac{\partial^2 u}{\partial y^2} = 2 - 2 = 0,$$

所以 $u(x, y) = x^2 - y^2 + x$ 是 z 平面上调和函数.

设 $v(x, y)$ 是 $u(x, y)$ 在 z 平面上的共轭调和函数, 则

$$\frac{\partial v}{\partial y} = \frac{\partial u}{\partial x} = 2x + 1, \tag{3.3.10}$$

$$\frac{\partial v}{\partial x} = -\frac{\partial u}{\partial y} = 2y. \tag{3.3.11}$$

由 (3.3.10) 式得

$$v(x, y) = \int (2x + 1) \mathrm{d}y = 2xy + y + \varphi(x), \tag{3.3.12}$$

其中 $\varphi(x)$ 是待定函数. 将 (3.3.12) 式两边对 x 求偏导数, 并代入 (3.3.11) 式得

$$2y + \varphi'(x) = 2y,$$

所以 $\varphi'(x) = 0$, 因此 $\varphi(x) = c$, 即

$$f(z) = u(x, y) + iv(x, y) = z^2 + z + ic.$$

又由 $f(0) = 0$ 得 $c = 0$, 故 $f(z) = u(x, y) + iv(x, y) = z^2 + z$. $\square$

习　题　3.3

1. 求下列积分:

(1) $\displaystyle\int_{|z|=2} \frac{2z+1}{(z-1)(z+3)} \mathrm{d}z$;　　　(2) $\displaystyle\int_{|z+1|=1} \frac{\cos z}{(z+1)^3} \mathrm{d}z$;

(3) $\displaystyle\int_{|z|=3} \frac{\mathrm{d}z}{z(2-z)^2}$;　　　(4) $\displaystyle\int_{|z|=4} \frac{2z+1}{(z-1)(z+3)} \mathrm{d}z$.

2. 设 $f(z)$ 为一整函数且存在 $M \in \mathbb{R}$, 使得对任意 $z \in \mathbb{C}$ 有

$$\mathrm{Re}\, f(z) + \mathrm{Im}\, f(z) < M,$$

试证明 $f(z)$ 恒为常数.

3. 设 $f(z)$ 为整函数且 $|f(z)| \leqslant 100 + \sqrt[3]{|z|^2} \ (\forall z \in \mathbb{C})$, 试证明 $f(z) \equiv$ 常数.

4. 设在区域 $D = \{z \mid |\arg z| < \pi/2\}$ 内的单位圆周 $|z| = 1$ 上任取一点 z_0, 用 D 内简单曲线 L 连接 0 与 z_0, 试证明

$$\mathrm{Re} \int_L \frac{\mathrm{d}z}{1+z^2} = \frac{\pi}{4}.$$

5. 设

(1) 区域 D 是有界区域, 其边界 L 由有限条简单闭曲线组成;

(2) $f_1(z)$ 与 $f_2(z)$ 在 D 内解析, 在闭区域 $\overline{D} = D + L$ 上连续;

(3) 沿 L, $f_1(z) = f_2(z)$,

则 $\forall z \in \overline{D}$ 有 $f_1(z) \equiv f_2(z)$.

6. 验证 $v(x,y) = x^2 - y^2 - 3x$ 是 z 平面上的调和函数, 并求以 $v(x,y)$ 为虚部的解析函数 $f(z)$, 使得 $f(0) = 0$.

7. 试证明代数基本定理: 任何 n $(n \geqslant 1)$ 次代数方程至少有一个根.

8. 试证明任何 n $(n \geqslant 1)$ 次代数方程在复平面上有且仅有 n 个根.

第 3 章小结

本章介绍了复积分的概念、Cauchy 积分定理和 Cauchy 积分公式, 并由此导出了解析函数的任意阶可导性等重要性质.

1. 复积分的定义与计算

1) 定义与性质

$$\int_L f(z)\mathrm{d}z = \lim_{\lambda \to 0} \sum_{k=0}^{n-1} f(\xi_k)(z_{k+1} - z_k).$$

复积分具有第二型曲线积分的性质. 特别地, 有 $\left| \displaystyle\int_L f(z)\mathrm{d}z \right| \leqslant M\mathcal{L}$, 其中 $\mathcal{L}$ 为曲

线 L 的弧长, $|f(z)| \leqslant M (z \in L)$.

2) 复积分的计算

(1) 当曲线 L 不是闭曲线时.

(i) 若积分与路径无关, 可用 Newton-Leibniz 公式, 或者选择适当路径, 用下面的参数方程法计算.

(ii) 参数方程法. 设曲线 L 的参数方程为 $z = z(t)(\alpha \leqslant t \leqslant \beta)$, 则

$$\int_L f(z)\mathrm{d}z = \int_\alpha^\beta f(z(t))z'(t)\mathrm{d}t.$$

(2) 当曲线 L 是闭曲线时, 用 D 表示曲线 L 所围成的区域.

(i) 若 $f(z)$ 在单连通区域 D 内解析, 在 L 上连续, 则由 Cauchy 积分定理得

$$\oint_L f(z)\mathrm{d}z = 0.$$

(ii) 若 $f(z)$ 在区域 D 内只有一个奇点 z_0, 如 $f(z) = \dfrac{g(z)}{(z - z_0)^n}$, 其中 $g(z)$ 在区域 D 内解析, 在 L 上连续, 则用 Cauchy 积分公式可得

$$\int_L f(z)\mathrm{d}z = \int_L \frac{g(z)}{(z - z_0)^n}\mathrm{d}z$$
$$= \frac{2\pi\mathrm{i}}{(n - 1)!} g^{(n-1)}(z_0).$$

(iii) 若 $f(z)$ 在区域 D 内有多个奇点, 则可先用多连通区域的 Cauchy 积分定理, 然后用 Cauchy 积分公式.

2. Cauchy 积分公式的重要应用

(1) 从 Cauchy 积分公式可得到 Cauchy 不等式, 由 Cauchy 不等式可以证明 Liouville 定理, 由 Liouville 定理可导出代数基本定理.

(2) 由 Cauchy 积分定理和 Morera 定理可得函数解析的一个等价条件: $f(z)$ 在单连通区域 D 内解析等价于 $f(z)$ 在单连通区域 D 内连续, 并且对 D 内任一简单闭曲线 L 有 $\int_L f(z)\mathrm{d}z = 0$.

(3) 解析函数的无穷可微性. 若 $f(z)$ 在区域 D 内解析, 则对于任何正整数 n, $f(z)$ 在 D 内有 n 阶导数, 并且 $f^{(n)}(z)$ 也在区域 D 内解析.

第 3 章知识图谱

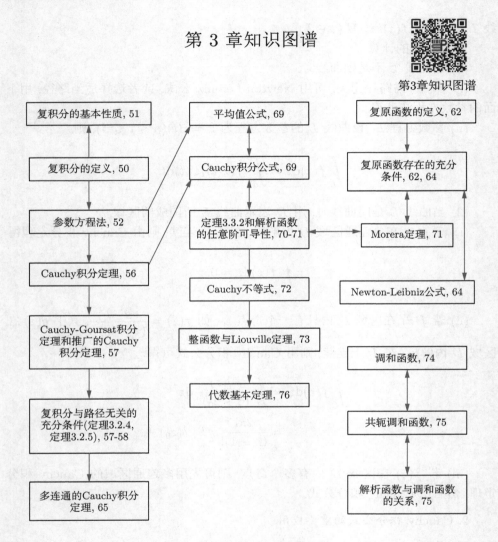

第 3 章复习题

1. 计算积分 $\displaystyle\int_{|z|=1}\frac{\mathrm{d}z}{z+3}$, 并由此证明 $\displaystyle\int_0^\pi\frac{1+3\cos\theta}{10+6\cos\theta}\mathrm{d}\theta=0$.

2. 求 $\displaystyle\int_L\frac{\mathrm{d}z}{z^{\frac12}}$, 其中 $z^{\frac12}$ 取主值支, L 为如下从 1 到 -1 的路径:

(1) 沿上半单位圆周;　　(2) 沿下半单位圆周.

3. 设复函数 $f(z)$ 在点 a 的邻域内连续, 试证明:

$$\lim_{r\to0}\int_0^{2\pi}f(a+r\mathrm{e}^{\mathrm{i}\theta})\mathrm{d}\theta=2\pi f(a).$$

4. 设复函数 $f(z)$ 在 $|z| > 0$ 时连续且

$$\lim_{r \to +\infty} rM(f;r) = 0,$$

其中 $M(f;r) = \max\limits_{|z|=r} |f(z)|$, 试证明

$$\lim_{r \to +\infty} \int_{|z|=r} f(z)\mathrm{d}z = 0.$$

5. 设 $f(z)$ 是一有界整函数, z_1, z_2 是 $|z| < r$ 内的任意两点, 试不用 Liouville 定理, 证明

$$\int_{|z|=r} \frac{f(z)}{(z - z_1)(z - z_2)}\mathrm{d}z = 0.$$

由此给出 Liouville 定理的另一证明.

6. 设 $f(z)$ 为整函数且 $|f(z)| > 0.01 \,(\forall z \in \mathbb{C})$, 试证明 $f(z)$ 恒为常数.

7. 设 $f(z) = u(x, y) + \mathrm{i}v(x, y)$ 为一整函数, 并且存在实常数 $c, d \,(c^2 + d^2 \neq 0)$ 和 M, 使得对任意 $z \in \mathbb{C}$ 有

$$cu(x, y) + dv(x, y) > M,$$

试证明 $f(z)$ 恒为常数.

8. 设复函数 $f(z)$ 在区域 D 内解析且 $f'(z) \neq 0$, 试证明 $\ln|f'(z)|$ 为区域 D 内的调和函数.

9. 设 $f(z)$ 在 $|z - z_0| > r_0$ 内解析且 $\lim\limits_{z \to \infty} zf(z) = A$, 试证明 对 $r > r_0$ 有

$$\frac{1}{2\pi\mathrm{i}} \int_{K_r} f(z)\mathrm{d}z = A,$$

其中 K_r 是圆 $|z - z_0| = r$, 取逆时针方向. 这是关于含无穷远点的区域的 Cauchy 积分定理.

10. 若 $f(z)$ 在简单闭曲线 L 的外区域 D 内及 L 上解析且

$$\lim_{z \to \infty} f(z) = \alpha,$$

试证明

$$\frac{1}{2\pi\mathrm{i}} \int_L \frac{f(\xi)}{\xi - z}\mathrm{d}\xi = \begin{cases} -f(z) + \alpha, & z \in D, \\ \alpha, & z \in L \text{ 的内区域}, \end{cases}$$

其中 L 的积分按逆时针方向取. 这是关于含无穷远点区域的 Cauchy 积分公式.

第 3 章测试题

一、填空题 (每小题 3 分, 共 15 分)

1. 积分 $\int_0^{\mathrm{i}\pi} \cos z\mathrm{d}z = ($ $)$.

2. 积分 $\displaystyle\int_{|z|=4} \frac{2z-1}{z^2+z-2}\mathrm{d}z = ($　　　$)$.

3. 设 $f(z)$ 是一整函数且存在 $M \in \mathbb{R}$ 使得 $\mathrm{Im}\, f(z) < M$, $z \in \mathbb{C}$, 利用 Liouville 定理证明 $f(z)$ 恒为常数时, 可以构造的函数为 ($　　$).

4. 设 $f(z)$ 在有界区域 D 内解析, 在 $\overline{D}$ 上连续, 则 $\forall z \in D$, $f^{(n)}(z)$ 的积分表示为 ($　　$).

5. 设 $f(z)$ 在有界闭区域 D 上解析, 则 $\displaystyle\int_{\partial D} f(z)\mathrm{d}z = ($　　$)$.

二、单项选择题 (每小题 2 分, 共 20 分)

1. $\displaystyle\int_{|z-a|=\rho} \frac{\mathrm{d}z}{(z-a)^{2023}} = ($　　$)$.

　　A. $2\pi\mathrm{i}$　　　B. 0　　　　C. $-2\pi\mathrm{i}$　　　D. $\dfrac{2\pi\mathrm{i}}{2022!}$

2. $\displaystyle\int_{|z|=1} \frac{10}{z}\mathrm{d}z = ($　　$)$.

　　A. 0　　　B. $2\pi\mathrm{i}$　　　C. $-20\pi\mathrm{i}$　　　D. $20\pi\mathrm{i}$

3. $\displaystyle\int_{|z-1|=1} \frac{1}{2z-5}\mathrm{d}z = ($　　$)$.

　　A. 0　　　B. $2\pi\mathrm{i}$　　　C. $\pi\mathrm{i}$　　　　D. $-2\pi\mathrm{i}$

4. $\displaystyle\int_{|z-1|=2} \frac{1}{z^2+3z-10}\mathrm{d}z = ($　　$)$.

　　A. $2\pi\mathrm{i}$　　　B. 0　　　C. $\dfrac{2\pi\mathrm{i}}{7}$　　　D. $-\dfrac{2\pi\mathrm{i}}{7}$

5. $\displaystyle\int_{|z|=4} \frac{1}{z^2+2z-3}\mathrm{d}z = ($　　$)$.

　　A. 0　　　B. $\dfrac{\pi\mathrm{i}}{2}$　　　C. $-\dfrac{\pi\mathrm{i}}{2}$　　　D. $\pi\mathrm{i}$

6. 设 $f(z)$ 是整函数, 且存在 $M \in \mathbb{R}$ 使得 $c\mathrm{Re}\, f(z) + d\mathrm{Im}\, f(z) < M$, 其中 $c,d \in \mathbb{R}$ 和 $c^2 + d^2 \neq 0$. 则利用 Liouville 定理证明 $f(z)$ 恒为常数时, 构造的函数 $F(z) = ($　　$)$.

　　A. $\mathrm{e}^{(c-\mathrm{i}d)f(z)}$　　　B. $\mathrm{e}^{(c+\mathrm{i}d)f(z)}$　　　C. $\mathrm{e}^{-(c+\mathrm{i}d)f(z)}$　　　D. $\mathrm{e}^{(-c+\mathrm{i}d)f(z)}$

7. 设 $z = x + \mathrm{i}y$, 下列复函数不是 z 平面上的调和函数的是 ($　　$).

　　A. $x^2 - y^2 + x$　　　B. $x^2 + xy - y^2$　　　C. $x^2 + y^2 - x$　　　D. xy^2

8. 设曲线 C 为圆周 $|z-1| = 2$, 取逆时针方向, 则用估值定理可得 $\left|\displaystyle\int_C \frac{z+1}{z-1}\mathrm{d}z\right|$ 的最小上界为 ($　　$).

　　A. 2π　　　B. 8π　　　C. 4π　　　D. 16π

9. $\displaystyle\int_{|z|=3} \frac{1}{(1-z)^3}\mathrm{d}z = ($　　$)$.

　　A. $2\pi\mathrm{i}$　　　B. $-2\pi\mathrm{i}$　　　C. $4\pi\mathrm{i}$　　　D. 0

10. 设 $f(z)$ 在区域 G 内解析, 且不为零, 曲线 C 为区域 G 内任一简单闭曲线, 则 $\displaystyle\int_C \frac{f'(z)}{f(z)}\mathrm{d}z = ($　　$)$.

　　A. $2\pi\mathrm{i}$　　　B. ∞　　　C. 0　　　D. 无法确定

三、(15 分) 计算复积分 $\int_{|z|=1} \dfrac{\mathrm{e}^z}{z}\mathrm{d}z$, 并证明: $\int_0^{2\pi} \mathrm{e}^{\cos\theta}\cos(\sin\theta)\mathrm{d}\theta = 2\pi$.

四、(10 分) 设 (1) 函数 $f(z)$ 在区域 G 内有唯一不解析点 a; (2) $g(z) = (z-a)^n f(z)$ 在区域 G 内解析, 其中 $n \in \mathbb{N}_+$; (3) 曲线 C 为区域 G 内任一包围 a 的简单闭曲线. 则

$$\int_C f(z)\mathrm{d}z = \frac{2\pi\mathrm{i}}{(n-1)!}g^{(n-1)}(z).$$

五、(10 分) 设 $a,b,c,d \in \mathbb{R}$, $u(x,y) = ax^3 + bx^2y + cxy^2 + dy^3$. 试用 a,d 表示 b,c 使得 $u(x,y)$ 是调和函数, 并求出 $u(x,y)$ 的共轭调和函数 $v(x,y)$, 使得 $f(z) = u(x,y) + \mathrm{i}v(x,y)$ 是解析函数.

六、(15 分) 设曲线 $C = \{z : z = \alpha t,\ 0 \leqslant t < +\infty, \operatorname{Re}\alpha < 0\}$, 试求: $I = \int_C \mathrm{e}^z\mathrm{d}z$.

七、(15 分) 求积分 $I = \int_C \dfrac{1}{z^3(z+1)(z-2)}\mathrm{d}z$ 的值, 其中 C 为逆时针方向的圆周 $|z| = r$, $r \neq 1, 2$.

第 4 章 级 数

4.1 级数的基本性质

4.1.1 复数项级数

1. 复数序列

复数序列即 $\{z_n\}$, 其中 $z_n = a_n + \mathrm{i}b_n$ 为复数, $a_n = \operatorname{Re} z_n$, $b_n = \operatorname{Im} z_n$.

设 z_0 是一个复常数, 如果任意给定 $\varepsilon > 0$, 存在正整数 N, 使当 $n > N$ 时,

$$|z_n - z_0| < \varepsilon,$$

那么称序列 $\{z_n\}$ **收敛**于 z_0, 记作

$$\lim_{n \to \infty} z_n = z_0. \tag{4.1.1}$$

如果序列 $\{z_n\}$ 不收敛, 则称序列 $\{z_n\}$ **发散**, 或者说, 它是**发散序列**.

若令 $z_0 = a + \mathrm{i}b$, a, b 为实数, 则由不等式

$$|a_n - a| \quad \text{及} \quad |b_n - b| \leqslant |z_n - z_0| \leqslant |a_n - a| + |b_n - b|$$

可知 (4.1.1) 式等价于

$$\lim_{n \to \infty} a_n = a, \quad \lim_{n \to \infty} b_n = b, \tag{4.1.2}$$

即序列 $\{z_n\}$ 收敛于 z_0 的充要条件是 $\{a_n\}$ 收敛于 a 且 $\{b_n\}$ 收敛于 b.

实序列的四则运算法则可完全平移到复序列中, 即两个收敛复序列的和、差、积和商 (分母的每项不为零且不收敛于零) 是收敛的.

2. 复数项级数

复数项级数即是

$$\sum_{n=1}^{\infty} z_n = z_1 + z_2 + \cdots + z_n + \cdots, \tag{4.1.3}$$

其中 $z_n \, (n = 1, 2, \cdots)$ 为复数, 其部分和为

$$S_n = z_1 + z_2 + \cdots + z_n. \tag{4.1.4}$$

如果部分和序列 $\{S_n\}$ 收敛于 S, 则称复数项级数 (4.1.3) **收敛**于 S, 记作

$$\sum_{n=1}^{\infty} z_n = S.$$

如果部分和序列 $\{S_n\}$ 发散, 则称复数项级数 (4.1.3) **发散**. 这样可知复级数 $\sum\limits_{n=1}^{\infty} z_n$ 与部分和序列 $\{S_n\}$ 有相同的敛散性.

反之, 复序列 $\{z_n\}$ 对应复级数

$$z_1 + (z_2 - z_1) + (z_3 - z_2) + \cdots + (z_n - z_{n-1}) + \cdots, \tag{4.1.5}$$

它们具有相同的敛散性.

按 ε-N 说法, 级数 (4.1.3) 收敛于 S 的定义可叙述如下:

对任意给定的 $\varepsilon > 0$, 存在正整数 N, 使当 $n > N$ 时,

$$\left| \sum_{k=1}^{n} z_k - S \right| < \varepsilon.$$

如果级数 $\sum\limits_{n=1}^{\infty} z_n$ 收敛, 那么

$$\lim_{n \to \infty} z_n = \lim_{n \to \infty} (S_n - S_{n-1}) = 0,$$

这样级数 $\sum\limits_{n=1}^{\infty} z_n$ 收敛的必要条件是 $\lim\limits_{n \to \infty} z_n = 0$.

又由于

$$S_n = \sum_{k=1}^{n} a_k + \mathrm{i} \sum_{k=1}^{n} b_k,$$

其中 $a_k = \mathrm{Re}\, z_k$, $b_k = \mathrm{Im}\, z_k$. 可以推出级数 (4.1.3) 收敛 (于 S) 的充分必要条件是级数 $\sum\limits_{n=1}^{\infty} a_n$ 收敛 (于 $\mathrm{Re}\, S$) 且 $\sum\limits_{n=1}^{\infty} b_n$ 收敛 (于 $\mathrm{Im}\, S$).

3. Cauchy 准则

数学分析中级数的 Cauchy 准则可以平移至复级数, 证明方法与数学分析中的证明一致, 在此略去.

定理 4.1.1(复级数的 Cauchy 准则)　级数 (4.1.3) 收敛的充分必要条件是: 对任意给定的 $\varepsilon > 0$, 存在正整数 N, 使得当 $n > N$ 时, 对于 $p = 1, 2, \cdots$ 有

$$|z_{n+1} + \cdots + z_{n+p}| < \varepsilon.$$

根据复序列与复级数 (4.1.5) 的敛散关系和定理 4.1.1, 可以证明如下定理.

定理 4.1.2 (复序列的 Cauchy 准则)　序列 $\{z_n\}$ 收敛的充分必要条件是: 对任意给定的 $\varepsilon > 0$, 存在正整数 N, 使得当 $m, n > N$ 时,

$$|z_m - z_n| < \varepsilon.$$

4. 绝对收敛, Cauchy 乘积

如果 $\sum\limits_{n=1}^{\infty} |z_n|$ 收敛, 则称复级数 $\sum\limits_{n=1}^{\infty} z_n$ **绝对收敛**. 如果 $\sum\limits_{n=1}^{\infty} |z_n|$ 发散, 而 $\sum\limits_{n=1}^{\infty} z_n$ 收敛, 则称复级数 $\sum\limits_{n=1}^{\infty} z_n$ **条件收敛**. 由于

$$\sum_{k=1}^{n} |a_k| \quad \text{及} \quad \sum_{k=1}^{n} |b_k| \leqslant \sum_{k=1}^{n} |z_k| = \sum_{k=1}^{n} \sqrt{a_k^2 + b_k^2} \leqslant \sum_{k=1}^{n} |a_k| + \sum_{k=1}^{n} |b_k|,$$

可知级数 (4.1.3) 绝对收敛的充分必要条件为 $\sum\limits_{k=1}^{\infty} a_k$ 及 $\sum\limits_{k=1}^{\infty} b_k$ 绝对收敛, 并可以推出如果级数 (4.1.3) 绝对收敛, 那么它一定收敛.

对于两个绝对收敛的复数项级数, 也可以作乘积, 可以把实级数的 Cauchy 乘积平移到复级数, 得到下面的定理.

定理 4.1.3　如果复数项级数 $\sum\limits_{n=1}^{\infty} z_n'$ 和 $\sum\limits_{n=1}^{\infty} z_n''$ 绝对收敛, 并且它们的和分别为 S' 与 S'', 则 Cauchy 乘积

$$\sum_{n=1}^{\infty} (z_1' z_n'' + z_2' z_{n-1}'' + \cdots + z_n' z_1'')$$

也绝对收敛, 并且它的和为 $S'S''$.

4.1.2　复变函数项级数

1. 一致收敛

设 $f_n(z) \, (n = 1, 2, \cdots)$ 在复平面点集 E 上有定义, 那么

$$f_1(z), f_2(z), \cdots, f_n(z), \cdots \tag{4.1.6}$$

称为 E 上的复变函数序列, 简记为 $\{f_n(z)\}$. 称

$$\sum_{n=1}^{\infty} f_n(z) = f_1(z) + f_2(z) + \cdots + f_n(z) + \cdots \qquad (4.1.7)$$

为 E 上的复变函数项级数.

如果在 E 上的每一点 z, (4.1.6) 式收敛于 $f(z)$, 那么称 (4.1.6) 式**收敛于** $f(z)$ 或称这个序列有**极限函数** $f(z)$, 记为

$$\lim_{n \to \infty} f_n(z) = f(z).$$

如果在 E 上的每一点 z, (4.1.7) 式收敛于 $S(z)$, 那么称 (4.1.7) 式**收敛于** $S(z)$ 或称这个级数有**和函数** $S(z)$, 记为

$$\sum_{n=1}^{\infty} f_n(z) = S(z).$$

定义 4.1.1 如果对任意给定的 $\varepsilon > 0$, 存在正整数 N, 使当 $n > N, z \in E$ 时,

$$\left| \sum_{k=1}^{n} f_k(z) - S(z) \right| < \varepsilon,$$

则称复级数 (4.1.7) 在 E 上**一致收敛**于 $S(z)$.

如果任意给定 $\varepsilon > 0$, 存在正整数 N, 使当 $n > N, z \in E$ 时,

$$|f_n(z) - f(z)| < \varepsilon,$$

则称复序列 (4.1.6) 在 E 上**一致收敛**于 $f(z)$.

与数学分析类似, 可以得到 Cauchy 一致收敛准则.

定理 4.1.4 级数 (4.1.7) 或序列 (4.1.6) 在 E 上一致收敛的充分必要条件是: 对任意给定的 $\varepsilon > 0$, 存在正整数 N, 使得当 $n > N$ 时, 对 $p = 1, 2, \cdots$ 及对任意的 $z \in E$ 有

$$|f_{n+1}(z) + f_{n+2}(z) + \cdots + f_{n+p}(z)| < \varepsilon$$

或

$$|f_{n+p}(z) - f_n(z)| < \varepsilon.$$

类似地, 可得如下一致收敛的判别法.

定理 4.1.5 (Weierstrass (魏尔斯特拉斯) 判别法)　设 $f_n(z)$ $(n = 1, 2, \cdots)$ 在点集 E 上有定义, 并且

$$a_1 + a_2 + \cdots + a_n + \cdots$$

是一收敛的正项级数. 设在 E 上,

$$|f_n(z)| \leqslant a_n, \quad n = 1, 2, \cdots,$$

那么复级数 (4.1.7) 在 E 上一致收敛.

注　级数 $a_1 + a_2 + \cdots + a_n + \cdots$ 称为**优级数**, 用优级数判定的一致收敛级数一定是绝对一致收敛.

2. 一致收敛的级数 (或序列) 的性质

与实变函数的级数 (或序列) 一样, 一致收敛在研究级数 (或序列) 时起着重要作用, 与数学分析类似, 可以得到下列定理.

定理 4.1.6　设 E 表示区域或闭区域, 或简单曲线. 设 $f_n(z)$ $(n = 1, 2, \cdots)$ 在 E 上连续, 复级数 (4.1.7) 在 E 上一致收敛于 $S(z)$ 或复序列 (4.1.6) 在 E 上一致收敛于 $f(z)$, 那么 $S(z)$ 或 $f(z)$ 在 E 上连续.

定理 4.1.7　设 $f_n(z)$ $(n = 1, 2, \cdots)$ 在简单曲线 C 上连续, 并且复级数 (4.1.7) 或复序列 (4.1.6) 在 C 上一致收敛于 $S(z)$ 或 $f(z)$, 那么

$$\sum_{n=1}^{+\infty} \int_C f_n(z)\,\mathrm{d}z = \int_C S(z)\,\mathrm{d}z$$

或

$$\lim_{n \to \infty} \int_C f_n(z)\,\mathrm{d}z = \int_C f(z)\,\mathrm{d}z.$$

为了得到逐项微分的性质, 需要下面的概念.

定义 4.1.2　设 $f_n(z)$ $(n = 1, 2, \cdots)$ 定义于区域 D 内, 若复级数 (4.1.7) 或复序列 (4.1.6) 在 D 内的任一有界闭集上一致收敛, 则称复级数 (4.1.7) 或复序列 (4.1.6) 在 D 内**内闭一致收敛**.

注　在 D 内内闭一致收敛弱于在 D 内一致收敛, 即若 $\sum_{n=1}^{\infty} f_n(z)$ (或 $\{f_n(z)\}$) 在 D 内一致收敛, 则 $\sum_{n=1}^{\infty} f_n(z)$ (或 $\{f_n(z)\}$) 在 D 内内闭一致收敛, 反之不真.

例如, $\sum_{n=1}^{\infty} z^n$ 在 $|z| < 1$ 内不一致收敛, 但内闭一致收敛 (见习题 4.1 第 6 题).

由内闭一致收敛, 可以得到下面逐项微分的定理.

定理 4.1.8 设 $f_n(z)$ $(n = 1, 2, \cdots)$ 在区域 D 内解析, 复级数 (4.1.7) 在 D 内内闭一致收敛于 $S(z)$ 或复序列 (4.1.6) 在 D 内内闭一致收敛于 $f(z)$, 那么 $S(z)$ 或 $f(z)$ 在 D 内解析, 并在 D 内, 对于 $k = 1, 2, \cdots$,

$$S^{(k)}(z) = \sum_{n=1}^{\infty} f_n^{(k)}(z)$$

或

$$f^{(k)}(z) = \lim_{n \to \infty} f_n^{(k)}(z).$$

证明 仅对复级数 (4.1.7) 的情况证明, 对复序列 (4.1.6) 可以类似证明.

设 z_0 为 D 内任一点, 则存在 $\rho > 0$, 使得闭圆盘 $\overline{K} : |z - z_0| \leqslant \rho$ 包含于 D 内. 于是根据假设和定理 4.1.6 得, $S(z)$ 在 $\overline{K}$ 上连续. 又设 C 为 $K : |z - z_0| < \rho$ 内任一简单闭曲线. 由于复级数 (4.1.7) 在 C 上一致收敛, 所以由 Cauchy 积分定理和定理 4.1.7 可得

$$\int_C S(z) \, \mathrm{d}z = \sum_{n=1}^{\infty} \int_C f_n(z) \, \mathrm{d}z = 0.$$

因此根据 Morera 定理可得 $S(z)$ 在 K 内解析, 特别地, $S(z)$ 在点 z_0 解析, 故由 z_0 的任意性可知 $S(z)$ 在 D 内解析.

现设 C_0 为 $\overline{K}$ 的边界, 于是

$$\sum_{n=1}^{\infty} \frac{f_n(z)}{(z - z_0)^{k+1}}$$

关于 $z \in C_0$ 一致收敛于 $\dfrac{S(z)}{(z - z_0)^{k+1}}$. 所以由定理 4.1.7, 逐项积分得到

$$\frac{k!}{2\pi \mathrm{i}} \int_{C_0} \frac{S(z)}{(z - z_0)^{k+1}} \mathrm{d}z = \sum_{n=1}^{+\infty} \frac{k!}{2\pi \mathrm{i}} \int_{C_0} \frac{f_n(z)}{(z - z_0)^{k+1}} \mathrm{d}z,$$

即

$$S^{(k)}(z_0) = \sum_{n=1}^{\infty} f_n^{(k)}(z_0), \quad k = 1, 2, \cdots. \qquad \square$$

4.1.3 幂级数

在函数项级数中, 幂级数是最简单且用途最广泛的级数, 其形式为

$$\sum_{n=0}^{\infty} a_n (z - z_0)^n = a_0 + a_1(z - z_0) + a_2(z - z_0)^2 + \cdots + a_n(z - z_0)^n + \cdots, \quad (4.1.8)$$

其中 $a_n\ (n=0,1,\cdots)$ 为常数. 这类级数在复分析中有着重要的意义. 本节要证明一般幂级数在一定的区域内收敛于一解析函数. 4.2 节将证明在一点解析的函数在这点的一个邻域内可以用幂级数表示出来. 幂级数无论理论上还是实际运用中, 都是一个十分重要的工具.

1. 关于幂级数的 Abel (阿贝尔) 第一定理

定理 4.1.9　　如果幂级数 (4.1.8) 在 $z_1(\neq z_0)$ 收敛, 那么在 $K:|z-z_0|<|z_1-z_0|$ 内, 幂级数 (4.1.8) 绝对收敛且内闭一致收敛.

证明　　由于幂级数 (4.1.8) 在 $z_1(\neq z_0)$ 收敛, 所以 $\lim\limits_{n\to\infty}a_n(z_1-z_0)^n=0$, 因此, 存在 $M>0$, 使得 $|a_n(z_1-z_0)^n|\leqslant M(n=0,1,2,\cdots)$.

对于圆 K 内的任一闭集 D, 存在闭圆 $\overline{K}_\rho:|z-z_0|\leqslant\rho\ (0<\rho<|z_1-z_0|)$ 包含 D, 对于 D 内的任意点 z 满足

$$|a_n(z-z_0)^n|\leqslant M\left|\frac{z-z_0}{z_1-z_0}\right|^n\leqslant M\left(\frac{\rho}{|z_1-z_0|}\right)^n. \tag{4.1.9}$$

由于 $\sum\limits_{n=0}^\infty M\left(\dfrac{\rho}{|z_1-z_0|}\right)^n$ 是一个收敛级数且与 $z\ (\in D)$ 无关, 所以根据定理 4.1.5 得, 幂级数 (4.1.8) 在 D 内一致收敛, 因此幂级数 (4.1.8) 在 K 中内闭一致收敛.

又由 (4.1.9) 式可知幂级数 (4.1.8) 在 D 内绝对收敛, 因此, 由 D 的任意性得幂级数 (4.1.8) 在 K 内绝对收敛.　　　　　　　　　　　　　　　　　　　　□

2. 幂级数的收敛圆

由定理 4.1.9 可知若级数 (4.1.8) 在 $z_2(\neq z_0)$ 点发散, 则在圆 $C_1:|z-z_0|=|z_2-z_0|$ 外, 级数 (4.1.8) 发散. 这样可知幂级数 (4.1.8) 的敛散性可能出现如下三种情况:

(1) 任意 $z\neq z_0$, 级数 (4.1.8) 发散. 例如, 级数

$$1+z+2^2z^2+\cdots+n^nz^n+\cdots,$$

对任意取定的 $z\neq 0$, 由于 $n^nz^n\nrightarrow 0\ (n\to\infty)$, 所以该级数发散.

(2) 任意 z, 级数 (4.1.8) 收敛. 例如, 级数

$$1+z+\frac{z^2}{2^2}+\cdots+\frac{z^n}{n^n}+\cdots,$$

对任意取定的 z, 当 n 充分大时, $\left|\dfrac{z}{n}\right|<\dfrac{1}{2}$, $\left|\left(\dfrac{z}{n}\right)^n\right|<\left(\dfrac{1}{2}\right)^n$, 所以可知该级数

收敛.

(3) 存在 $z_1 \neq z_0$, 级数 (4.1.8) 在 z_1 处收敛, 并且存在 $z_2 \neq z_0$, 级数 (4.1.8) 在 z_2 处发散. 从定理 4.1.9 可知 $|z_2 - z_0| \geqslant |z_1 - z_0|$. 级数在圆 $|z - z_0| < |z_1 - z_0|$ 内收敛, 在圆 $|z - z_0| > |z_2 - z_0|$ 外发散. 再考虑级数 (4.1.8) 在 $z_3 = \dfrac{z_1 + z_2}{2}$ 点的敛散性, 与实级数类似, 如此下去, 可以得到一点 z^*, 使得级数 (4.1.8) 在圆 $|z - z_0| = |z^* - z_0|$ 内收敛, 而在其外发散. 实数 $|z^* - z_0| = R$ 称为 (4.1.8) 的**收敛半径**, $|z - z_0| < R$ 称为 (4.1.8) 的**收敛圆**.

对于情况 (1), 则说收敛半径 $R = 0$; 对于情况 (2), 则说收敛半径 $R = +\infty$.

收敛半径 R 可以用下面的 Cauchy-Hadamard (阿达马) 公式求得.

定理 4.1.10 如果下列条件之一成立:

$$\ell = \lim_{n \to \infty} \left| \frac{a_{n+1}}{a_n} \right|,$$

$$\ell = \lim_{n \to \infty} \sqrt[n]{|a_n|},$$

$${}^* \ell = \overline{\lim_{n \to \infty}} \sqrt[n]{|a_n|},$$

那么当 $0 < \ell < +\infty$ 时, 级数 (4.1.8) 的收敛半径为 $R = \dfrac{1}{\ell}$; 当 $\ell = 0$ 时, $R = +\infty$; 当 $\ell = \infty$ 时, $R = 0$.

例 1 求下列各幂级数的收敛半径:

(1) $\displaystyle\sum_{n=1}^{\infty} \frac{z^n}{n}$; (2) $\displaystyle\sum_{n=1}^{\infty} \frac{z^n}{n!}$; *(3) $1 + z + z^{2^2} + z^{3^2} + \cdots$.

解 (1) 由于 $\ell = \lim_{n \to \infty} \sqrt[n]{\dfrac{1}{n}} = 1$, 所以 $R = \dfrac{1}{\ell} = 1$.

(2) 由 $a_n = \dfrac{1}{n!}$ 知 $\ell = \lim_{n \to \infty} \dfrac{\dfrac{1}{(n+1)!}}{\dfrac{1}{n!}} = \lim_{n \to \infty} \dfrac{1}{n+1} = 0$, 从而 $R = \infty$.

*(3) 当 n 是平方数时, 系数 $a_n = 1$, 其他情况时系数 $a_n = 0$, 因而 $\{\sqrt[n]{|a_n|}\}$ 存在两个收敛子列, 一个子列收敛于 1, 一个子列收敛于 0, 故易知

$$\ell = \overline{\lim_{n \to \infty}} \sqrt[n]{|a_n|} = 1,$$

从而 $R = \dfrac{1}{\ell} = 1$. $\qquad\qquad\qquad\qquad\qquad\qquad\qquad\qquad\qquad\qquad\qquad$ $\square$

3. 幂级数和的解析性

幂级数 (4.1.8) 在收敛圆内, 定义了一个函数, 称为**和函数**.

定理 4.1.11   假设幂级数 (4.1.8) 的收敛半径为 $R\,(0 < R \leqslant \infty)$, 和函数为 $f(z)$, 那么

(1) $f(z)$ 在收敛圆 $K : |z - z_0| < R$ 内解析;

(2) $f(z)$ 在 K 内可逐项求导 (任意阶), 即

$$f^{(p)}(z) = p!a_p + a_{p+1}(p+1)p\cdots 2(z - z_0) + \cdots$$
$$+ n(n-1)\cdots(n-p+1)a_n(z-z_0)^{n-p} + \cdots, \quad (4.1.10)$$

并且有相同的收敛半径 R;

(3) $a_p = \dfrac{f^{(p)}(z_0)}{p!}\,(p = 1, 2, \cdots)$;

(4) 沿 K 内的任意曲线 C, 在 C 上级数 (4.1.8) 可逐项积分.

证明   由定理 4.1.9 可知幂级数 (4.1.8) 在 K 中内闭一致收敛于 $f(z)$, 再由定理 4.1.8 可知 $f(z)$ 在 K 内解析, 并且可逐项求导及 (4.1.10) 式成立. 再由对固定的 p,

$$\lim_{n\to\infty} \sqrt[n]{n(n-1)\cdots(n-p+1)} = 1,$$

可知 (4.1.10) 式与 (4.1.8) 式有相同的收敛半径, 从而 (1) 与 (2) 成立.

(3) 在 (4.1.10) 式中, 令 $z = z_0$, 则有 $f^{(p)}(z_0) = p!a_p$, 即 $a_p = \dfrac{f^{(p)}(z_0)}{p!}$.

(4) 由定理 4.1.9 和定理 4.1.7 可知级数 (4.1.8) 在 C 上可以逐项积分.   □

习 题 4.1

1. 设已给复数序列 $\{z_n\}$, 如果 $\lim\limits_{n\to+\infty} z_n = \zeta$, 其中 ζ 是一有限复数, 那么

$$\lim_{n\to\infty} \frac{z_1 + z_2 + \cdots + z_n}{n} = \zeta.$$

2. 判断下列级数的敛散性:

(1) $\sum\limits_{n=1}^{\infty} \dfrac{i^n}{n}$;   (2) $\sum\limits_{n=1}^{\infty} \left(\dfrac{1+2i}{2}\right)^n$;   (3) $\sum\limits_{n=1}^{\infty} \dfrac{1}{n}\left(1 + \dfrac{i}{n}\right)$.

3. 试确定下列幂级数的收敛半径:

(1) $\sum\limits_{n=0}^{\infty} \dfrac{n}{2^n}\, z^n$;   (2) $\sum\limits_{n=0}^{\infty} [3 + (-1)^n]^n z^n$;

(3) $\sum\limits_{n=0}^{\infty} \dfrac{n!}{n^n}\, z^n$;   (4) $\sum\limits_{n=0}^{\infty} z^{n!}$.

4. 设 $\lim\limits_{n\to\infty}\dfrac{\alpha_{n+1}}{\alpha_n}$ 存在 $(\neq\infty)$, 试证下列三个幂级数有相同的收敛半径:

(1) $\sum\limits_{n=0}^{\infty}\alpha_n z^n$ (原级数);

(2) $\sum\limits_{n=0}^{\infty}\dfrac{\alpha_n}{n+1}z^{n+1}$ (逐项积分后所成级数);

(3) $\sum\limits_{n=0}^{\infty}n\alpha_n z^{n-1}$ (逐项求导后所成级数).

5. 设级数 $\sum\limits_{n=0}^{\infty}f_n(z)$ 在点集 E 上一致收敛于 $f(z)$, 并且在 E 上 $|g(z)|<M(M<\infty)$. 试证明级数 $\sum\limits_{n=0}^{\infty}g(z)f_n(z)$ 在 E 上一致收敛于 $g(z)f(z)$.

6. 试证明复级数 $\sum\limits_{n=1}^{\infty}z^n$ 在 $|z|<1$ 内不一致收敛, 但内闭一致收敛.

4.2 Taylor 展式

4.2.1 解析函数的 Taylor 展式

1. 解析函数展成幂级数

定理 4.1.11 表明当收敛半径大于零时, 幂级数的和函数在收敛圆内是解析的. 自然地问, 反过来是否成立? 下面的定理回答了这个问题.

定理 4.2.1 (Taylor (泰勒) 定理) 设 $f(z)$ 在圆盘 $K:|z-z_0|<R$ 内解析, 那么在 K 内,

$$f(z)=\sum_{n=0}^{\infty}a_n(z-z_0)^n, \tag{4.2.1}$$

其中

$$a_n=\frac{1}{2\pi\mathrm{i}}\int_{\Gamma_\rho}\frac{f(\zeta)}{(\zeta-z_0)^{n+1}}\,\mathrm{d}\zeta=\frac{f^{(n)}(z_0)}{n!},\quad \Gamma_\rho:|\zeta-z_0|=\rho,\quad 0<\rho<R.$$

证明 任取 $z\in K$, 不妨设 $z\neq z_0$, 存在圆 $\Gamma_\rho:|\zeta-z_0|=\rho\ (0<\rho<R)$, 使 z 含于 Γ_ρ 所围区域内, 则由 Cauchy 积分公式,

$$f(z)=\frac{1}{2\pi\mathrm{i}}\int_{\Gamma_\rho}\frac{f(\zeta)}{\zeta-z}\,\mathrm{d}\zeta.$$

由于 $\left|\dfrac{z-z_0}{\zeta-z_0}\right|=\dfrac{|z-z_0|}{\rho}<1$, 所以有

$$\frac{f(\zeta)}{\zeta - z} = \frac{f(\zeta)}{\zeta - z_0 - (z - z_0)} = \frac{f(\zeta)}{\zeta - z_0} \frac{1}{1 - \dfrac{z - z_0}{\zeta - z_0}}$$

$$= \frac{f(\zeta)}{\zeta - z_0} \sum_{n=0}^{\infty} \left(\frac{z - z_0}{\zeta - z_0} \right)^n = \sum_{n=0}^{\infty} (z - z_0)^n \frac{f(\zeta)}{(\zeta - z_0)^{n+1}}.$$

又由于当 $\zeta \in \Gamma_\rho$ 时, 上述右边的级数一致收敛, 所以根据定理 4.1.7 得, 上式可以沿 Γ_ρ 逐项积分, 再除以 $2\pi i$ 得到

$$f(z) = \frac{1}{2\pi i} \int_{\Gamma_\rho} \frac{f(\zeta)}{\zeta - z} \, \mathrm{d}\zeta = \sum_{n=0}^{\infty} \frac{1}{2\pi i} \int_{\Gamma_\rho} \frac{f(\zeta)}{(\zeta - z_0)^{n+1}} \, \mathrm{d}\zeta \cdot (z - z_0)^n$$

$$= \sum_{n=0}^{\infty} \frac{f^{(n)}(z_0)}{n!} (z - z_0)^n = \sum_{n=0}^{\infty} a_n (z - z_0)^n. \qquad \square$$

由定理 4.1.11 和定理 4.2.1 可得到下面的推论.

推论 4.2.1 函数 $f(z)$ 在一点 z_0 解析的充分必要条件是它在 z_0 的某一邻域内有幂级数展式 (4.2.1).

如果假设在圆盘 K 内, $f(z)$ 还有另一展开式 $f(z) = \sum_{n=0}^{\infty} a_n'(z - z_0)^n$, 那么由定理 4.1.11 可知 $a_n' = \dfrac{f^{(n)}(z_0)}{n!} = a_n$, 于是可得以下推论.

推论 4.2.2 在定理 4.2.1 中, $f(z)$ 在圆盘 K 内的展式 (4.2.1) 是唯一的.

这个性质称为**解析函数的幂级数展式的唯一性**. 也称 $f(z)$ 的幂级数为 $f(z)$ 的 **Taylor 级数**.

2. 解析函数展成幂级数的方法与例

1) 直接法

直接法即利用 Taylor 定理, 直接计算 Taylor 展式的各项系数.

例 1 求 $\mathrm{e}^z, \cos z, \sin z$ 在 $z = 0$ 的 Taylor 展式.

解 由定理 4.2.1, 立即可推出

$$\mathrm{e}^z = 1 + z + \frac{z^2}{2!} + \cdots + \frac{z^n}{n!} + \cdots, \tag{4.2.2}$$

$$\cos z = 1 - \frac{z^2}{2!} + \frac{z^4}{4!} - \cdots, \tag{4.2.3}$$

$$\sin z = z - \frac{z^3}{3!} + \frac{z^5}{5!} - \frac{z^7}{7!} + \cdots, \tag{4.2.4}$$

容易算得上述级数的收敛半径均为 $R = \infty$, 所以它们都在复平面上收敛. □

例 2 多值函数 $\mathrm{Ln}(1+z)$ 以 $z = -1, \infty$ 为支点, 将 z 平面从 -1 沿负实轴到 ∞ 割破, 在这样得到的区域 G (特别在单位圆 $|z| < 1$) 内, $\mathrm{Ln}(1+z)$ 可以分出无穷多个单值解析分支. 先将主值支 $f_0(z) = \ln(1+z)$ 在单位圆内展成 z 的幂级数. 为此, 先计算其 Taylor 系数. 由于

$$f_0'(z) = \frac{1}{1+z}, \quad \cdots, \quad f_0^{(n)}(z) = (-1)^{n-1} \frac{(n-1)!}{(1+z)^n}, \quad \cdots,$$

所以其 Taylor 系数为

$$c_n = \frac{f_0^{(n)}(0)}{n!} = \frac{(-1)^{n-1}}{n}, \quad n = 1, 2, \cdots.$$

又因为 $f_0(z) = \ln(1+z)$ 是主值, 即当 $1+z$ 取正数时, $\ln(1+z)$ 取实数, 于是 $f_0(0) = 0$. 最后得出

$$\ln(1+z) = z - \frac{z^2}{2} + \frac{z^3}{3} - \cdots + (-1)^{n-1}\frac{z^n}{n} + \cdots, \quad |z| < 1, \qquad (4.2.5)$$

所以 $\mathrm{Ln}(1+z)$ 的各单值解析分支的展式应该为

$$\ln_k(1+z) = 2k\pi\mathrm{i} + z - \frac{z^2}{2} + \frac{z^3}{3} - \cdots + (-1)^{n-1}\frac{z^n}{n} + \cdots,$$

$$|z| < 1, k = 0, \pm 1, \pm 2, \cdots. \qquad \square$$

例 3 按一般幂函数的定义

$$(1+z)^\alpha = \mathrm{e}^{\alpha \mathrm{Ln}(1+z)}, \quad \alpha \text{ 为复数},$$

它的支点也是 $-1, \infty$, 故 $(1+z)^\alpha$ 在 $|z| < 1$ 内也能分出单值解析分支. 取其主值支

$$g(z) = (1+z)^\alpha = \mathrm{e}^{\alpha \ln(1+z)}$$

在 $z = 0$ 处展开. 先计算 Taylor 系数, 根据 (2.3.5) 式可得

$$g^{(n)}(z) = \alpha(\alpha-1)\cdots(\alpha-n+1)(1+z)^{\alpha-n},$$

于是得出 Taylor 系数为

$$g(0) = 1, \quad \frac{g^{(n)}(0)}{n!} = \frac{\alpha(\alpha-1)\cdots(\alpha-n+1)}{n!}, \quad n = 1, 2, \cdots,$$

所以根据 Taylor 定理得出 $(1+z)^\alpha$ 的主值支的展式为

$$(1+z)^\alpha = 1 + \alpha z + \frac{\alpha(\alpha-1)}{2!} z^2 + \cdots$$
$$+ \frac{\alpha(\alpha-1)\cdots(\alpha-n+1)}{n!} z^n + \cdots, \quad |z| < 1. \qquad (4.2.6)$$

$\square$

2) 间接法

间接法为利用一些已知函数的 Taylor 展式和解析函数 Taylor 展式的唯一性来求给定函数的 Taylor 展式.

例 4　试将函数 $f(z) = \dfrac{z}{z+2}$ 按 $z-1$ 的幂展开, 并指明其收敛范围.

解　由于 $f(z)$ 在 $z=1$ 的邻域 $|z-1| < 3$ 内解析, 所以

$$f(z) = \frac{z}{z+2} = 1 - \frac{2}{z+2} = 1 - \frac{2}{(z-1)+3}$$
$$= 1 - \frac{2}{3} \cdot \frac{1}{1 + \frac{z-1}{3}} = 1 - \frac{2}{3} \cdot \sum_{n=0}^{\infty} (-1)^n \left(\frac{z-1}{3} \right)^n$$
$$= \frac{1}{3} - \frac{2}{3} \sum_{n=1}^{\infty} \left(-\frac{1}{3} \right)^n (z-1)^n.$$

因此收敛范围为 $|z-1| < 3$.　　　　　　　　　　　　　　　　　　　　$\square$

例 5　将 $\dfrac{e^z}{1-z}$ 在 $z=0$ 展开成幂级数.

解　因为 $\dfrac{e^z}{1-z}$ 在 $|z| < 1$ 内解析, 所以它展开后的幂级数在 $|z| < 1$ 内收敛. 已经知道

$$e^z = 1 + z + \frac{z^2}{2!} + \frac{z^3}{3!} + \cdots, \quad |z| < \infty,$$

$$\frac{1}{1-z} = 1 + z + z^2 + z^3 + \cdots, \quad |z| < 1,$$

在 $|z| < 1$ 时将两式相乘得

$$\frac{e^z}{1-z} = 1 + \left(1 + \frac{1}{1!} \right) z + \left(1 + \frac{1}{1!} + \frac{1}{2!} \right) z^2$$

$$+ \left(1 + \frac{1}{1!} + \frac{1}{2!} + \frac{1}{3!} \right) z^3 + \cdots,$$

其中相乘的方法是按定理 4.1.3 所指出的 Cauchy 乘积.   □

*3. 幂级数的和函数在收敛圆周上的状况

定理 4.2.2   假设 $f(z)$ 在 z_0 的邻域内解析, 并且其幂级数展开式 $\sum\limits_{n=0}^{\infty} a_n(z - z_0)^n$ 有收敛半径 R $(0 < R < +\infty)$, 则 $f(z)$ 在收敛圆周 $C : |z - z_0| = R$ 上至少有一奇点, 即不存在闭圆盘 $\overline{K} : |z - z_0| \leqslant R$ 上的解析函数 $F(z)$, 使得在圆盘 K 内 $F(z) = f(z)$.

证明   用反证法, 假定存在如此函数 $F(z)$, 则 $F(z)$ 在 C 上解析. 任给 $b_0 \in C$, 存在圆域 O_{b_0}, 使得 $F(z)$ 在 O_{b_0} 解析, b_0 取遍 C 上所有的点, 则由有限覆盖定理, 存在有限个圆域, 设为 $O_{b_j} (j = 1, 2, \cdots, n)$ 覆盖了 C, 则 $\left(\bigcup\limits_{j=1}^{n} O_{b_j} \right) \bigcup K$ 包含了一个与 K 同圆心 z_0、半径为 $R + \rho$ $(\rho > 0)$ 的圆 $K_1 : |z - z_0| < R + \rho$, $F(z)$ 在 K_1 内可展成幂级数 $\sum\limits_{n=0}^{\infty} a'_n(z - z_0)^n$, 其中 $a'_n = \dfrac{F^{(n)}(z_0)}{n!} = \dfrac{f^{(n)}(z_0)}{n!}$, 从而 $a'_n = a_n$. 这样, 级数 $\sum\limits_{n=0}^{\infty} a_n(z - z_0)^n$ 的收敛半径 $\geqslant R + \rho > R$, 矛盾.   □

注 1   从定理 4.2.2 可以看出, 若 $f(z)$ 在 z_0 点邻域解析, z^* 是距离 z_0 最近的奇点, 则 $|z^* - z_0| = R$ 为 $f(z)$ 在 z_0 点展式的收敛半径, 这充分表明了级数的收敛半径与和函数的本质关系, 同时也表明了幂级数理论只有在复域中更为清楚.

例如, $f(z) = \dfrac{1}{1 + z^2}$ 在实轴上 $\dfrac{1}{1 + x^2}$ 处处可微, 但它的幂级数的收敛半径却为 1, 这是因为 $\dfrac{1}{1 + z^2}$ 有奇点 $z = \pm \mathrm{i}$.

注 2 $f(z)$ 在收敛圆的边界有奇点, 但其级数在收敛圆周上可能处处收敛. 例如, 级数

$$\sum_{n=1}^{+\infty} (-1)^{n+1} \frac{z^{n+1}}{n(n+1)}$$

的收敛半径为 1.

在收敛圆 $|z| = 1$ 上,

$$\left| (-1)^{n+1} \frac{z^{n+1}}{n(n+1)} \right| = \frac{1}{n(n+1)},$$

而级数 $\sum\limits_{n=1}^{+\infty} \dfrac{1}{n(n+1)}$ 收敛. 可见上面的幂级数在收敛圆上处处收敛.

对上面的幂级数, 可以用前面的方法求得它的和函数为

$$\int_0^z \ln(1+\zeta)\mathrm{d}\zeta, \quad \ln 1 = 0.$$

它在 $|z| = 1$ 上, 除去 $z = -1$ 外, 处处解析.

4.2.2 解析函数的零点与唯一性

1. 零点

设 $f(z)$ 在 z_0 的邻域 $K : |z - z_0| < R$ 内解析且 $f(z_0) = 0$, 则称 z_0 为 $f(z)$ 的零点. 设 $f(z)$ 在 K 内的 Taylor 展式为

$$f(z) = \alpha_1(z - z_0) + \alpha_2(z - z_0)^2 + \cdots + \alpha_n(z - z_0)^n + \cdots. \tag{4.2.7}$$

现在可能出现下列两种情况:

(1) 如果当 $n = 1, 2, \cdots$ 时, $\alpha_n = 0$, 那么 $f(z)$ 在 K 内恒等于零;

(2) 如果存在正整数 m 满足 $\alpha_m \neq 0$, 而 $\alpha_1 = \alpha_2 = \cdots = \alpha_{m-1} = 0$, 则称 z_0 为 $f(z)$ 的 **m 阶零点**. 当 $m = 1$ 时称为**单零点**, 当 $m > 1$ 时也称为 m **重零点**.

如果 z_0 是解析函数 $f(z)$ 的一个 m 阶零点, 则由 (4.2.7) 式, 在 K 内,

$$\begin{aligned}
f(z) &= \alpha_m(z - z_0)^m + \alpha_{m+1}(z - z_0)^{m+1} + \cdots \\
&= (z - z_0)^m[\alpha_m + \alpha_{m+1}(z - z_0) + \cdots] \\
&= (z - z_0)^m \varphi(z),
\end{aligned}$$

其中 $\varphi(z) = \alpha_m + \alpha_{m+1}(z - z_0) + \cdots$. 显然, $\varphi(z)$ 在 K 内解析且 $\varphi(z_0) = \alpha_m \neq 0$, 由此可知存在 $\varepsilon > 0$, 使当 $|z - z_0| < \varepsilon$ 时, $\varphi(z) \neq 0$. 于是可知在 $0 < |z - z_0| < \varepsilon$ 时, $f(z) \neq 0$, 即在 z_0 的邻域 $|z - z_0| < \varepsilon$ 内, z_0 是 $f(z)$ 的唯一零点.

由此有如下结论.

定理 4.2.3   假设在 $K : |z - z_0| < R$ 内的解析函数 $f(z)$ 不恒等于零, z_0 为它的一个零点, 那么存在 z_0 的一个邻域, 使得在其中 z_0 是 $f(z)$ 的唯一零点.

这个性质称为解析函数零点的**孤立性**.

推论 4.2.3   在邻域 $K : |z - z_0| < R$ 内不恒为零的解析函数 $f(z)$ 以 z_0 为 m 阶零点的充分必要条件是 $f(z) = (z - z_0)^m \varphi(z)$, 其中 $\varphi(z)$ 在邻域 K 内解析且 $\varphi(z_0) \neq 0$.

推论 4.2.4 假设 $f(z)$ 在邻域 $K: |z - z_0| < R$ 内解析. 在 K 内有 $f(z)$ 的一列零点 $\{z_n\}$ $(z_n \neq z_0)$ 收敛于 z_0, 则 $f(z)$ 在 K 内恒等于零.

证明 假设 $f(z)$ 在 K 内不恒等于零. 由于 $f(z)$ 在 z_0 点连续及 $f(z_n) = 0$, 而且 $z_n \to z_0$, 所以可得 $f(z_0) = 0$, 因此 z_0 为 $f(z)$ 的非孤立零点, 这与定理 4.2.3 矛盾, 故 $f(z)$ 在 K 内恒等于零. □

2. 解析函数的唯一性

对于实变函数, 在它的定义范围内, 已知某一部分的函数值, 是完全不能断定同一个函数在其他部分的函数值, 而解析函数的情形, 则不相同, 它可以由定义域内某些部分的值, 确定这个函数在定义域内的其他值.

定理 4.2.4 假设 $f_1(z)$ 和 $f_2(z)$ 在区域 D 内解析, 在 D 内有一个收敛于 $a \in D$ 的点列 $\{z_n\}$ $(z_n \neq a)$, 使 $f_1(z_n) = f_2(z_n)$, 那么 $f_1(z) \equiv f_2(z)$ $(\forall z \in D)$.

证明 令 $f(z) = f_1(z) - f_2(z)$, 则 $f(z)$ 在 D 内解析且 $f(z_n) = 0$, 以及 $z_n \to a \in D$. 如果 D 是以 a 为圆心的圆或整个 z 平面, 则由推论 4.2.4 可知 $f(z) \equiv 0$. 若 D 为一般区域, 使用下面圆链方法来证明 (图 4.1).

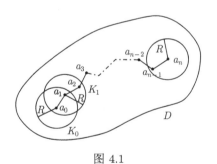

图 4.1

设 b 为 D 内任一点, 在 D 内作折线 L 连接 a, b, 以 d 表示 L 与 D 的边界之间的最短距离 $d(L, \partial D) = d > 0$ 在 L 上取点 $a = a_0, a_1, \cdots, a_{n-1}, a_n = b$, 使相邻两点的距离小于定数 R $(0 < R < d)$.

由推论 4.2.4, 在圆 $K_0: |z - a_0| < R$ 内, $f(z) \equiv 0$. 在圆 $K_1: |z - a_1| < R$, 重复运用推论 4.2.4, 即知在 K_1 内 $f(z) \equiv 0$. 继续下去, 直到最后一个含有 b 的圆为止, 在该圆内 $f(z) \equiv 0$, 即 $f(b) = 0$, 而 b 是任意的, 这样就证明了在 D 内 $f(z) \equiv 0$, 即 $f_1(z) = f_2(z)$. □

3. 例

例 6 试证明在复平面上解析, 并且在实轴上等于 $\sin x$ 的函数只能是 $\sin z$.

证明 显然, $\sin z$ 在复平面上解析且在实轴上等于 $\sin x$, 现证唯一性. 设 $f(z)$ 在复平面上解析, 并在实轴上等于 $\sin x$, 那么复平面上解析的函数 $f(z) - \sin z$ 在实轴上等于零, 因而由定理 4.2.4 可知在复平面上 $f(z) - \sin z \equiv 0$, 即 $f(z) \equiv \sin z$. □

例 7 试问是否存在复函数, 满足在原点解析, 在 $z = \dfrac{1}{n} \ (n = 1, 2, \cdots)$ 分别取下列值:

(1) $0, \ \dfrac{1}{2}, \ 0, \ \dfrac{1}{4}, \ 0, \ \dfrac{1}{6}, \ \cdots$;

(2) $\dfrac{1}{2}, \ \dfrac{2}{3}, \ \dfrac{3}{4}, \ \dfrac{4}{5}, \ \dfrac{5}{6}, \ \cdots$.

解 (1) f 应满足 $f\left(\dfrac{1}{2n-1}\right) = 0$, $f\left(\dfrac{1}{2n}\right) = \dfrac{1}{2n}$, 但 $\dfrac{1}{2n-1} \to 0$, $\dfrac{1}{2n} \to$

0. 由定理 4.2.4, $f(z) = z$ 是在原点解析, 而且满足 $f\left(\dfrac{1}{2n}\right) = \dfrac{1}{2n}$ 的唯一函数, 它不满足 $f\left(\dfrac{1}{2n-1}\right) = 0 \ (n = 1, 2, \cdots)$. 因此, 要满足条件 (1) 且在原点解析的函数不存在.

(2) $f(z)$ 应满足 $f\left(\dfrac{1}{n}\right) = \dfrac{n}{n+1} = \dfrac{1}{1 + \dfrac{1}{n}} = g\left(\dfrac{1}{n}\right) \ (n \to \infty)$, 其中 $g(z) = $

$\dfrac{1}{1+z}$. 由于 $f(z), g(z)$ 都在单位圆内解析, 所以根据解析函数的唯一性定理得 $f(z) = \dfrac{1}{1+z}$ 是在原点解析且满足条件的唯一函数. □

例 8 设在区域 Ω 内 $f(z)$ 解析, $g(z)$ 连续, 且 $f \cdot g \equiv 0$, 则在 Ω 内, $f \equiv 0$ 或 $g \equiv 0$.

证明 如果在 Ω 内, $g \equiv 0$, 那么本题结论成立.

如果在 Ω 内, $g \not\equiv 0$, 那么存在 $z_0 \in \Omega$ 使得 $g(z_0) \neq 0$, 于是由 g 在 z_0 处连续和 Ω 是区域可得: 存在 $\delta > 0$, 使得 $U(z_0; \delta) \subset \Omega$, 且在 $U(z_0; \delta)$ 内 $g(z) \neq 0$, 所以由条件 $f \cdot g \equiv 0$ 得在 $U(z_0; \delta)$ 内 $f(z) \equiv 0$.

由于 $f(z)$ 在 Ω 内解析, 所以根据解析函数的唯一性定理得, 在 Ω 内, $f \equiv 0$. 因此本题得证. □

习 题 4.2

1. 将下列函数展成 z 的幂级数, 并指出收敛范围:

(1) $\int_0^z \dfrac{\sin z}{z} \mathrm{d}z$;   (2) $\dfrac{1}{(1-z)^2}$;   (3) $\ln(1-z)$.

2. 设 z_0 是解析函数 $f(z)$ 的 m 阶零点, 又是解析函数 $g(z)$ 的 n 阶零点, 试问 z_0 是不是下列函数的零点? 若是, 求其阶.

(1) $f(z) + g(z)$;   (2) $f(z) \cdot g(z)$;   (3) $\dfrac{f(z)}{g(z)}$.

3. 函数 $\sin \dfrac{1}{1-z}$ 在 $|z| < 1$ 内解析, 不恒等于零, 但在圆内有无穷个零点 $z_n = 1 - \dfrac{1}{n\pi}$, 此事实是否与唯一性定理相矛盾? 为什么?

4. 试问在原点解析且满足下述条件的函数是否存在:

(1) $f\left(\dfrac{1}{n}\right) = f\left(-\dfrac{1}{n}\right) = \dfrac{1}{n^2}, n = 1, 2, \cdots$;

(2) $f\left(\dfrac{1}{n}\right) = f\left(-\dfrac{1}{n}\right) = \dfrac{1}{n^3}, n = 1, 2, \cdots$.

5. 设在 $|z| < R$ 内解析的函数 $f(z)$ 有 Taylor 展式

$$f(z) = \alpha_0 + \alpha_1 z + \cdots + \alpha_n z^n + \cdots,$$

试证当 $0 \leqslant r < R$ 时,

$$\frac{1}{2\pi} \int_0^{2\pi} |f(r\mathrm{e}^{\mathrm{i}\theta})|^2 \, \mathrm{d}\theta = \sum_{n=0}^{\infty} |\alpha_n|^2 r^{2n}.$$

6. 设在单位圆 U 内, $f(z)$ 与 $g(z)$ 都解析, 且满足下列条件之一:

(1) $f\left(\dfrac{1}{n+1}\right) f'\left(\dfrac{1}{n+1}\right) + g\left(\dfrac{1}{n+1}\right) g'\left(\dfrac{1}{n+1}\right) \equiv 0 \,(n = 1, 2, \cdots)$;

(2) $f\left(\dfrac{1}{n+1}\right) \cdot g\left(\dfrac{1}{n+1}\right) \equiv 0 \,(n = 1, 2, \cdots), g(0) \neq 0$;

(3) $f'\left(\dfrac{1}{n+1}\right) - f\left(\dfrac{1}{n+1}\right) g'\left(\dfrac{1}{n+1}\right) \equiv 0 \,(n = 1, 2, \cdots)$.

试问: 能够得到什么结果? 并证明你的结果.

4.3 Laurent 展式

4.3.1 解析函数的 Laurent 展式

已经知道在 $|z| < 1$ 内,

$$\frac{1}{1-z} = 1 + z + z^2 + \cdots.$$

现令 $w = \dfrac{1}{z}$, 则右边的级数为

$$1 + \frac{1}{w} + \frac{1}{w^2} + \cdots = 1 + w^{-1} + w^{-2} \cdots,$$

显然在 $|w| > 1$ 内, 级数是收敛的.

更一般地, 考虑级数

$$\sum_{n=-\infty}^{+\infty} \alpha_n (z - z_0)^n = \cdots + \alpha_{-n}(z - z_0)^{-n} + \cdots + \alpha_{-1}(z - z_0)^{-1}$$

$$+ \alpha_0 + \alpha_1(z - z_0) + \cdots + \alpha_n(z - z_0)^n + \cdots, \quad (4.3.1)$$

其中 $z_0, \alpha_n (n = 0, \pm 1, \cdots)$ 为常数. (4.3.1) 式可以看成两个级数

$$\sum_{n=0}^{+\infty} \alpha_n (z - z_0)^n \quad (4.3.2)$$

及

$$\sum_{n=-1}^{-\infty} \alpha_n (z - z_0)^n \quad (4.3.3)$$

之和. 定义当级数 (4.3.2) 与级数 (4.3.3) 都收敛时, 级数 (4.3.1) 收敛, 并且它的和函数等于级数 (4.3.2) 与级数 (4.3.3) 的两个和函数相加.

假设级数 (4.3.2) 在 $|z - z_0| < R_2$ 内绝对收敛且内闭一致收敛, 则其和函数解析. 假设级数 (4.3.3) 在 $|z - z_0| > R_1 (R_1 < R_2)$ 内绝对收敛且内闭一致收敛, 则其和函数解析. 考虑上面的公共区域, 圆环 $D : R_1 < |z - z_0| < R_2$, 于是可知级数 (4.3.1) 在圆环 D 内是绝对收敛且内闭一致收敛的, 所以和函数在 D 内解析.

称级数 (4.3.1) 为 **Laurent** (洛朗) **级数**. 根据上面的讨论, 自然地首先要考虑的问题是圆环 D 内的解析函数如何展成 Laurent 级数.

1. 圆环内的解析函数展成 Laurent 级数

定理 4.3.1 (Laurent 定理)　设 $f(z)$ 在圆环 $D : R_1 < |z - z_0| < R_2 \, (0 \leqslant R_1 < R_2 \leqslant +\infty)$ 内解析, 那么在 D 内,

$$f(z) = \sum_{n=-\infty}^{+\infty} \alpha_n (z - z_0)^n, \quad (4.3.4)$$

$$\alpha_n = \frac{1}{2\pi i} \int_\gamma \frac{f(z)}{(z - z_0)^{n+1}} \, dz, \quad n = 0, \pm 1, \pm 2, \cdots, \quad (4.3.5)$$

其中 $\gamma : |z - z_0| = \rho \, (R_1 < \rho < R_2)$.

称级数 (4.3.4) 的右边为 $f(z)$ 的 Laurent 展式.

证明 设 z 为 D 内任一点, 作圆 (图 4.2) $\Gamma_1 : |\zeta - z_0| = \rho_1$ 与 $\Gamma_2 : |\zeta - z_0| = \rho_2 \ (R_1 < \rho_1 < \rho_2 < R_2)$, 使 z 含于圆环 $\rho_1 < |z - z_0| < \rho_2$ 内, 则 $f(z)$ 在闭圆环 $\rho_1 \leqslant |z - z_0| \leqslant \rho_2$ 上解析. 于是由 Cauchy 积分公式得

$$f(z) = \frac{1}{2\pi i} \int_{\Gamma_2 + \Gamma_1^-} \frac{f(\zeta)}{\zeta - z} \, \mathrm{d}\zeta$$

$$= \frac{1}{2\pi i} \int_{\Gamma_2} \frac{f(\zeta)}{\zeta - z} \, \mathrm{d}\zeta + \frac{1}{2\pi i} \int_{\Gamma_1} \frac{f(\zeta)}{z - \zeta} \, \mathrm{d}\zeta. \tag{4.3.6}$$

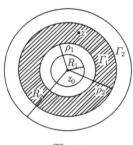

图 4.2

由于当 $\zeta \in \Gamma_2$ 时, 级数

$$\frac{1}{\zeta - z} = \frac{1}{\zeta - z_0 - (z - z_0)} = \frac{1}{(\zeta - z_0)\left(1 - \dfrac{z - z_0}{\zeta - z_0}\right)} = \sum_{n=0}^{+\infty} \frac{(z - z_0)^n}{(\zeta - z_0)^{n+1}}$$

是一致收敛的, 而当 $\zeta \in \Gamma_1$ 时, 级数

$$\frac{1}{z - \zeta} = \frac{1}{z - z_0 - (\zeta - z_0)} = \frac{1}{(z - z_0)\left(1 - \dfrac{\zeta - z_0}{z - z_0}\right)}$$

$$= \sum_{n=0}^{+\infty} \frac{(\zeta - z_0)^n}{(z - z_0)^{n+1}} = \sum_{n=1}^{+\infty} \frac{(\zeta - z_0)^{n-1}}{(z - z_0)^n}$$

$$= \sum_{n=-1}^{-\infty} \frac{1}{(\zeta - z_0)^{n+1}} (z - z_0)^n$$

也是一致收敛的. 所以将上面两式代入 (4.3.6) 式, 可以逐项积分, 得到

$$f(z) = \sum_{n=0}^{+\infty} \frac{1}{2\pi i} \int_{\Gamma_2} \frac{f(\zeta)}{(\zeta - z_0)^{n+1}} \, \mathrm{d}\zeta \cdot (z - z_0)^n$$

$$+ \sum_{n=-1}^{-\infty} \frac{1}{2\pi i} \int_{\Gamma_1} \frac{f(\zeta)}{(\zeta - z_0)^{n+1}} \, \mathrm{d}\zeta \cdot (z - z_0)^n.$$

又由 Cauchy 积分定理可知

$$\frac{1}{2\pi i} \int_{\Gamma_2} \frac{f(\zeta)}{(\zeta - z_0)^{n+1}} \, \mathrm{d}\zeta = \frac{1}{2\pi i} \int_{\gamma} \frac{f(\zeta)}{(\zeta - z_0)^{n+1}} \, \mathrm{d}\zeta, \quad n = 0, 1, \cdots,$$

$$\frac{1}{2\pi i} \int_{\Gamma_1} \frac{f(\zeta)}{(\zeta - z_0)^{n+1}} \, \mathrm{d}\zeta = \frac{1}{2\pi i} \int_{\gamma} \frac{f(\zeta)}{(\zeta - z_0)^{n+1}} \, \mathrm{d}\zeta, \quad n = -1, -2, \cdots,$$

于是得到 (4.3.4) 式和 (4.3.5) 式. □

2. Laurent 级数的和函数

现在讨论反过来的问题, 即 Laurent 级数在圆环内的和函数的性质, 有下面的定理.

定理 4.3.2 假设 Laurent 级数 (4.3.1) 在圆环 $D : R_1 < |z - z_0| < R_2 \, (0 \leqslant R_1 < R_2 \leqslant +\infty)$ 中内闭一致收敛于和函数 $g(z)$, 那么 (4.3.1) 式就是 $g(z)$ 在 D 内的 Laurent 展式:

$$g(z) = \sum_{n=-\infty}^{+\infty} \beta_n (z - z_0)^n. \tag{4.3.7}$$

证明 由假设, 根据定理 4.1.8 可得, $g(z)$ 在 D 内解析. 由于 (4.3.7) 式右边的级数在圆 $\gamma : |z - z_0| = \rho \, (R_1 < \rho < R_2)$ 上一致收敛. 两边乘以 $\dfrac{1}{(z - z_0)^{m+1}}$ (因为它在 γ 上有界) 后级数仍然在 γ 上一致收敛, 所以可逐项积分得

$$\frac{1}{2\pi i} \int_{\gamma} \frac{g(z)}{(z - z_0)^{m+1}} \, \mathrm{d}z = \sum_{n=-\infty}^{+\infty} \frac{1}{2\pi i} \int_{\gamma} \beta_n (z - z_0)^{n-m-1} \, \mathrm{d}z. \tag{4.3.8}$$

当 $m = n$ 时,

$$\frac{1}{2\pi i} \int_{\gamma} \beta_n (z - z_0)^{n-m-1} \, \mathrm{d}z = \beta_m,$$

当 $m \neq n$ 时,

$$\frac{1}{2\pi i} \int_{\gamma} \beta_n (z - z_0)^{n-m-1} \, \mathrm{d}z = 0.$$

将上面两式代入 (4.3.8) 式得到

$$\beta_m = \frac{1}{2\pi i} \int_\gamma \frac{g(z)}{(z - z_0)^{m+1}} \, \mathrm{d}z.$$

它与 (4.3.5) 式一致. □

结合定理 4.3.1 与定理 4.3.2 得到

推论 4.3.1 在定理 4.3.1 的假设下, $f(z)$ 在 D 内的 Laurent 展式 (4.3.4) 是唯一的.

这个性质称为解析函数的 Laurent 展式的**唯一性**.

例 1 求函数 $f(z) = \dfrac{1}{(z-1)(z-2)}$ 分别在 (1) $|z| < 1$; (2) $1 < |z| < 2$; (3) $|z| > 2$ 内的 Laurent 展式.

解 (1) 在 $|z| < 1$ 内, 由于 $\left|\dfrac{z}{2}\right| \leqslant |z| < 1$, 所以

$$f(z) = \frac{1}{1-z} - \frac{1}{2-z} = \frac{1}{1-z} - \frac{1}{2\left(1 - \dfrac{z}{2}\right)}$$

$$= \sum_{n=0}^\infty z^n - \frac{1}{2} \sum_{n=0}^\infty \left(\frac{z}{2}\right)^n = \sum_{n=0}^\infty \left(1 - \frac{1}{2^{n+1}}\right) z^n.$$

(2) 在 $1 < |z| < 2$ 内, 由于 $\left|\dfrac{1}{z}\right| < 1$, $\left|\dfrac{z}{2}\right| < 1$, 所以

$$f(z) = -\frac{1}{z\left(1 - \dfrac{1}{z}\right)} - \frac{1}{2\left(1 - \dfrac{z}{2}\right)} = -\sum_{n=0}^\infty \left[\frac{1}{z}\left(\frac{1}{z}\right)^n + \frac{1}{2}\left(\frac{z}{2}\right)^n\right]$$

$$= -\sum_{n=1}^\infty \frac{1}{z^n} - \sum_{n=0}^\infty \frac{z^n}{2^{n+1}}.$$

(3) 在 $|z| > 2$ 内, 由于 $\left|\dfrac{1}{z}\right| \leqslant \left|\dfrac{2}{z}\right| < 1$, 所以

$$f(z) = \frac{1}{z} \frac{1}{1 - \dfrac{2}{z}} - \frac{1}{z} \frac{1}{1 - \dfrac{1}{z}} = \frac{1}{z} \sum_{n=0}^\infty \frac{2^n}{z^n} - \frac{1}{z} \sum_{n=0}^\infty \frac{1}{z^n}$$

$$= \sum_{n=0}^\infty \frac{2^n - 1}{z^{n+1}} = \sum_{n=1}^\infty \frac{2^n - 1}{z^{n+1}}. \qquad \square$$

例 2 求函数 $\sin\dfrac{1}{z-1}$ 与 $\dfrac{\sin(z-1)}{z-1}$ 在 $0<|z-1|<\infty$ 内的 Laurent 展式.

解 因为 $\sin z=z-\dfrac{z^3}{3!}+\cdots+\dfrac{(-1)^n z^{2n+1}}{(2n+1)!}+\cdots$, 所以在 $0<|z-1|<\infty$ 内,

$$\sin\frac{1}{z-1}=\frac{1}{z-1}-\frac{1}{3!}\left(\frac{1}{z-1}\right)^3+\cdots+\frac{(-1)^n}{(2n+1)!}\cdot\left(\frac{1}{z-1}\right)^{2n+1}+\cdots$$

$$=\frac{1}{z-1}-\frac{1}{3!}\frac{1}{(z-1)^3}+\cdots+\frac{(-1)^n}{(2n+1)!}\frac{1}{(z-1)^{2n+1}}+\cdots,$$

$$\frac{\sin(z-1)}{z-1}=1-\frac{1}{3!}(z-1)^2+\frac{1}{5!}(z-1)^4-\cdots+\frac{(-1)^n(z-1)^{2n}}{(2n+1)!}+\cdots. \qquad \square$$

4.3.2 解析函数的孤立奇点

1. 孤立奇点的分类

设 $f(z)$ 在 z_0 处不解析, 且存在 $R(0<R\leqslant\infty)$, 使 f 在圆环 $D:\ 0<|z-z_0|<R$ 内解析, 则称 z_0 为 $f(z)$ 的**孤立奇点**. 根据定理 4.3.1 知, 在 D 内 $f(z)$ 有 Laurent 展式

$$f(z)=\sum_{n=-\infty}^{+\infty}\alpha_n(z-z_0)^n, \tag{4.3.9}$$

$$\alpha_n=\frac{1}{2\pi i}\int_{\Gamma_\rho}\frac{f(\zeta)}{(\zeta-z_0)^{n+1}}\,\mathrm{d}\zeta,\quad n=0,\pm1,\cdots, \tag{4.3.10}$$

其中 Γ_ρ 是圆周 $|z-z_0|=\rho\,(0<\rho<R)$. 上面的例 1 中, $z=1,2$ 为孤立奇点; 例 2 中, $z=1$ 为孤立奇点.

一般地, 称 (4.3.9) 式中的 $\displaystyle\sum_{n=-\infty}^{-1}\alpha_n(z-z_0)^n$ 为 $f(z)$ 在点 z_0 的**主要部分**; 称 $\displaystyle\sum_{n=0}^{+\infty}\alpha_n(z-z_0)^n$ 为 $f(z)$ 在点 z_0 的**解析部分**. 现按照 Laurent 级数的主要部分情况对孤立奇点进行分类如下:

(1) 如果对所有 $n=-1,-2,\cdots$ 有 $\alpha_n=0$, 即 $f(z)$ 在点 z_0 的主要部分为零, 那么称 z_0 是 $f(z)$ 的**可去奇点**. 这时令 $f(z_0)=\alpha_0$, 就得到 $|z-z_0|<R$ 内的解析函数 $f(z)$.

例如, $\dfrac{\sin z}{z} = 1 - \dfrac{z^2}{3!} + \dfrac{z^4}{5!} - \cdots$ 以 $z = 0$ 为可去奇点.

(2) 如果仅有有限多个 (至少一个) 整数 $n < 0$, 使 $\alpha_n \neq 0$, 则称 z_0 为 $f(z)$ 的 **极点**. 如果对于正整数 $m, \alpha_{-m} \neq 0$, 而当 $n < -m$ 时 $\alpha_n = 0$, 那么称 z_0 为 $f(z)$ 的 **m 阶极点**, 当 $m = 1$ 或 $m > 1$ 时, 分别称 z_0 为 $f(z)$ 的**单极点**或 **m 重极点**.

例如, $\dfrac{\sin z}{z^2} = \dfrac{1}{z} - \dfrac{z}{3!} + \dfrac{z^3}{5!} - \cdots$ 在 $z = 0$ 有单极点, $\dfrac{\sin z}{z^3} = \dfrac{1}{z^2} - \dfrac{1}{3!} + \dfrac{z^2}{5!} - \cdots$ 在 $z = 0$ 有二阶极点.

(3) 如果有无穷个整数 $n < 0$, 使 $\alpha_n \neq 0$, 那么称 z_0 是 $f(z)$ 的**本性奇点**.

例如, $z = 0$ 为函数 $\mathrm{e}^{\frac{1}{z}}$ 与 $\sin \dfrac{1}{z}$ 的本性奇点, 因为 $\mathrm{e}^{\frac{1}{z}} = 1 + \dfrac{1}{z} + \dfrac{1}{2!} \dfrac{1}{z^2} + \dfrac{1}{3!} \dfrac{1}{z^3} + \cdots$, $\sin \dfrac{1}{z} = \dfrac{1}{z} - \dfrac{1}{3!} \dfrac{1}{z^3} + \cdots$.

2. 可去奇点

定理 4.3.3 假设 $f(z)$ 在 $0 < |z - z_0| < R \, (0 < R \leqslant \infty)$ 内解析, 则下面三条是等价的, 因而任一条都是可去奇点的特征:

(1) $f(z)$ 在点 z_0 的主要部分为零;

(2) $\lim\limits_{z \to z_0} f(z) = b(\neq \infty)$;

(3) $f(z)$ 在 z_0 的某去心邻域内有界.

证明 $(1) \Rightarrow (2)$ 由 (1) 可知

$$\begin{aligned} f(z) &= \alpha_0 + \alpha_1 (z - z_0) + \cdots + \alpha_n (z - z_0)^n + \cdots \\ &= \alpha_0 + (z - z_0)[\alpha_1 + \alpha_2 (z - z_0) + \cdots] \\ &= \alpha_0 + (z - z_0)\varphi(z), \end{aligned}$$

其中 $\varphi(z) = \alpha_1 + \alpha_2 (z - z_0) + \cdots$ 在 z_0 点解析. 这样

$$\lim_{z \to z_0} f(z) = \alpha_0 + \lim_{z \to z_0} (z - z_0)\varphi(z) = \alpha_0 \ (\neq \infty).$$

$(2) \Rightarrow (3)$ 由 (2) 可知对给定 $\varepsilon = 1$, 存在 $\delta > 0 (\delta < R)$, 使当 $0 < |z - z_0| < \delta$ 时, $|f(z) - b| < 1$, 所以 $|f(z)| < |b| + 1$.

$(3) \Rightarrow (1)$ 假设 $f(z)$ 在 $0 < |z - z_0| < \delta < R$ 内 $|f(z)| \leqslant M$. 考虑 $f(z)$ 的 Laurent 展式的主要部分

$$\frac{\alpha_{-1}}{z-z_0} + \frac{\alpha_{-2}}{(z-z_0)^2} + \cdots + \frac{\alpha_{-n}}{(z-z_0)^n} + \cdots,$$

其中 $\alpha_{-n} = \dfrac{1}{2\pi i}\displaystyle\int_{\Gamma_\rho} \dfrac{f(\zeta)}{(\zeta-z_0)^{-n+1}}\mathrm{d}\zeta\ (n=0,1,\cdots),\ \Gamma_\rho:|\zeta-z_0|=\rho<\delta.$ 这样

$$|\alpha_{-n}| \leqslant \frac{1}{2\pi} \cdot \frac{M}{\rho^{-n+1}} \cdot 2\pi\rho = M\rho^n.$$

由于 ρ 可以任意小, 可知对 $n=1,2,\cdots$ 有 $\alpha_{-n}=0$, 所以 $f(z)$ 在 z_0 点的主要部分为零.   □

3. 极点

当 $f(z)$ 在 $0<|z-z_0|<R$ 内解析, z_0 为 $f(z)$ 的 $m\ (\geqslant 1)$ 阶极点时, $f(z)$ 的 Laurent 展式为

$$
\begin{aligned}
f(z) &= \frac{\alpha_{-m}}{(z-z_0)^m} + \frac{\alpha_{-(m-1)}}{(z-z_0)^{m-1}} + \cdots + \frac{\alpha_{-1}}{z-z_0} + \alpha_0 + \alpha_1(z-z_0) + \cdots \\
&= \frac{1}{(z-z_0)^m}[\alpha_{-m} + \alpha_{-(m-1)}(z-z_0) + \cdots + \alpha_0(z-z_0)^m + \cdots] \\
&= \frac{1}{(z-z_0)^m}\varphi(z),
\end{aligned}
\tag{4.3.11}
$$

其中 $\varphi(z)$ 在 $|z-z_0|<R$ 内解析且 $\varphi(z_0)=\alpha_{-m}\neq 0$.

定理 4.3.4 假设 $f(z)$ 在 $0<|z-z_0|<R\ (0<R\leqslant+\infty)$ 内解析, 那么 z_0 是 $f(z)$ 的极点的充分必要条件是 $\lim\limits_{z\to z_0} f(z)=\infty$.

证明 必要性 可以由 (4.3.11) 式及 $\varphi(z_0)\neq 0$ 立刻得到.

充分性 由 $\lim\limits_{z\to z_0} f(z)=\infty$ 可知存在正数 $\rho_0\leqslant R$, 使得在 $0<|z-z_0|<\rho_0$ 内, $f(z)\neq 0$, 于是 $F(z)=\dfrac{1}{f(z)}$ 在 $0<|z-z_0|<\rho_0$ 内解析且不等于零, 而且 $\lim\limits_{z\to z_0} F(z) = \lim\limits_{z\to z_0}\dfrac{1}{f(z)} = 0$. 这样 z_0 是 $F(z)$ 的一个可去奇点, $F(z)$ 有 Laurent 展式

$$F(z) = \beta_0 + \beta_1(z-z_0) + \cdots + \beta_n(z-z_0)^n + \cdots,$$

其中 $\beta_0 = \lim\limits_{z\to z_0} F(z) = 0.$ 由于在 $0<|z-z_0|<\rho_0$ 内 $F(z)\neq 0$, z_0 是唯一的零点, 可以假设 $\beta_0=\beta_1=\cdots=\beta_{m-1}=0,\ \beta_m\neq 0$, 于是 $F(z)=(z-z_0)^m\Phi(z)$,

其中 $\Phi(z)$ 在 $|z - z_0| < \rho_0$ 内解析且 $\Phi(z_0) = \beta_m \neq 0$. 于是在 $0 < |z - z_0| < \rho_0$ 内,

$$f(z) = \frac{1}{(z - z_0)^m} \varphi(z),$$

其中 $\varphi(z) = \dfrac{1}{\Phi(z)}$ 在 z_0 处解析, $\varphi(z_0) = \dfrac{1}{\beta_m} \neq 0$. 因此, z_0 是 $f(z)$ 的 m 阶极点. □

定理 4.3.5 在定理 4.3.4 的条件下, z_0 是 $f(z)$ 的 m 阶极点的充分必要条件是 $\lim\limits_{z \to z_0} (z - z_0)^m f(z) = \alpha \neq 0$.

证明 **必要性** 设 z_0 是 $f(z)$ 的 m 阶极点, 则 $f(z) = \dfrac{\varphi(z)}{(z - z_0)^m}$, 其中 $\varphi(z)$ 在 $|z - z_0| < R$ 内解析, $\varphi(z_0) = \alpha_{-m} \neq 0$, 所以

$$\lim_{z \to z_0} (z - z_0)^m f(z) = \lim_{z \to z_0} \varphi(z) = \varphi(z_0) = \alpha_{-m} \neq 0.$$

充分性 设 $\lim\limits_{z \to z_0} (z - z_0)^m f(z) = \alpha \neq 0$. 由于 $f(z)$ 在 $0 < |z - z_0| < R$ 内解析, 所以 $(z - z_0)^m f(z)$ 在 $0 < |z - z_0| < R$ 内解析, 且 z_0 为其可去奇点. 设其幂级数为

$$(z - z_0)^m f(z) = \alpha + c_1(z - z_0) + c_2(z - z_0)^2 + \cdots,$$

则

$$f(z) = \frac{\alpha}{(z - z_0)^m} + \frac{c_1}{(z - z_0)^{m-1}} + \frac{c_2}{(z - z_0)^{m-2}} + \cdots,$$

所以, z_0 是 $f(z)$ 的 m 阶极点. □

推论 4.3.2 在定理 4.3.4 的条件下, z_0 是 $f(z)$ 的 m 阶极点的充分必要条件是 $\dfrac{1}{f(z)}$ 以 z_0 为 m 阶零点.

4. 本性奇点

由定理 4.3.3 和定理 4.3.4 可知 z_0 是 $f(z)$ 的可去奇点和极点的充分必要条件分别是 $\lim\limits_{z \to z_0} f(z) = b \neq \infty$ 和 $\lim\limits_{z \to z_0} f(z) = \infty$, 于是可以得到下面的定理.

定理 4.3.6 假设函数 $f(z)$ 在 $0 < |z - z_0| < R$ $(0 < R \leqslant \infty)$ 内解析, 那么 z_0 是 $f(z)$ 的本性奇点的充分必要条件是不存在有限或无限极限 $\lim\limits_{z \to z_0} f(z)$.

例如, $\mathrm{e}^{\frac{1}{z}}$ 以 $z = 0$ 为本性奇点. 事实上, 当 z 沿正实轴趋近于 0 时, $\mathrm{e}^{\frac{1}{z}} \to +\infty$; 当 z 沿负实轴趋近于 0 时, $\mathrm{e}^{\frac{1}{z}} \to 0$.

Weierstrass 进一步阐明了本性奇点的性质得到如下定理.

*定理 4.3.7　设函数 $f(z)$ 在 $0 < |z - z_0| < R \ (0 < R \leqslant \infty)$ 内解析, 那么 z_0 是 $f(z)$ 的本性奇点的充分必要条件是对于任何有限或无限的复数 γ, 在 $0 < |z - z_0| < R$ 内, 一定有收敛于 z_0 的序列 $\{z_n\}$, 使得 $\lim\limits_{n \to \infty} f(z_n) = \gamma$.

证明　由定理 4.3.6 可知充分性是显然的, 现证明必要性.

如果 $\gamma = \infty$, 因 z_0 不是 f 的可去奇点, 所以在任何开域 $0 < |z - z_0| < \rho \ (\leqslant R)$ 内, $f(z)$ 不能有界. 故存在 $\{z_n\}, z_n \to z_0$, 使 $\lim\limits_{n \to \infty} f(z_n) = \infty$.

如果 γ 为有限复数, 只需证明对任何 $\varepsilon > 0$ 及 $\rho > 0 \ (\rho \leqslant R)$, 在 $0 < |z - z_0| < \rho$ 内, 存在点 z', 使 $|f(z') - \gamma| < \varepsilon$. 假设这个命题不真, 则存在正数 $\varepsilon_0, \rho_0 \ (\leqslant R)$, 使得在 $0 < |z - z_0| < \rho_0$ 内, $|f(z) - \gamma| \geqslant \varepsilon_0$, 这样函数

$$g(z) = \frac{1}{f(z) - \gamma}$$

在 $0 < |z - z_0| < \rho_0$ 内解析, 有界且不等于零, 因而 z_0 是 $g(z)$ 的可去奇点, 即有

$$g(z) = c_0 + (z - z_0)^n \varphi(z),$$

其中 c_0 为常数, n 为正整数, $\varphi(z)$ 在 $|z - z_0| < \rho$ 内解析, 并且 $\lim\limits_{z \to z_0} \varphi(z) \neq 0$. 由此可见, 若 $c_0 \neq 0$, 则 z_0 点为 $\dfrac{1}{g(z)}$ 的可去奇点; 若 $c_0 = 0$, 则 z_0 点为 $\dfrac{1}{g(z)}$ 的极点.

由于在 $0 < |z - z_0| < \rho_0$ 内,

$$f(z) = \gamma + \frac{1}{g(z)},$$

所以 $f(z)$ 在 $z = z_0$ 有可去奇点或极点, 与假设矛盾.　　　　　　　　□

Picard (皮卡) 得到关于本性奇点的更深刻的定理.

*定理 4.3.8　假设 $f(z)$ 在 $0 < |z - z_0| < R \ (0 < R \leqslant \infty)$ 内解析, 那么 z_0 是 $f(z)$ 的本性奇点的充分必要条件是对任何复数 $\gamma \neq \infty$, 至多可能一个例外, 在 $0 < |z - z_0| < R$ 内, 一定有一个收敛于 z_0 的序列 $\{z_n\}$, 使得 $f(z_n) = \gamma \ (n = 1, 2, \cdots)$.

例如, 对于函数 $f(z) = \mathrm{e}^{\frac{1}{z}}$, $z = 0$ 是 $f(z)$ 的本性奇点. 对任何复数 $\gamma \neq 0$, 存在序列 $\{z_n\}$, 满足

$$z_n = \frac{1}{\ln^+|\gamma| + \mathrm{i}(\arg\gamma + 2n\,\pi)} \to 0, \quad n \to \infty,$$

使得 $f(z_n) = \gamma$ $(n = 1, 2, \cdots)$.

*4.3.3 解析函数在无穷远点的性质

设存在 $R \geqslant 0$, 使 $f(z)$ 在区域 $R < |z| < +\infty$ 内解析, 则称 ∞ 为 $f(z)$ 的孤立奇点. 根据定理 4.3.1 得, 它在环域 $R < |z| < +\infty$ 内的 Laurent 展式为

$$f(z) = \sum_{n=-\infty}^{+\infty} \alpha_n z^n, \quad \alpha_n = \frac{1}{2\pi\mathrm{i}} \int_\gamma \frac{f(\zeta)}{\zeta^{n+1}} \mathrm{d}\zeta, \quad \gamma: |z| = \rho, \tag{4.3.12}$$

其中 $\sum\limits_{n=0}^{-\infty} \alpha_n z^n$ 与 $\sum\limits_{n=1}^{+\infty} \alpha_n z^n$ 分别为 $f(z)$ 的**解析部分**和**主要部分**. 其奇点的性质由主要部分的特征所决定.

(1) 如果对 $n = 1, 2, \cdots$ 有 $\alpha_n = 0$，那么称 ∞ 为 $f(z)$ 的**可去奇点**. 例如, $f(z) = \dfrac{1}{z^2} + 2$ 与 $g(z) = 1 + \dfrac{1}{z} + \dfrac{1}{z^2} + \cdots$ 都以 ∞ 为可去奇点.

(2) 如果只有有限个 (至少一个) $n > 0$, 使 $\alpha_n \neq 0$, 那么称 ∞ 为 $f(z)$ 的**极点**. 如果存在 $m > 0, \alpha_m \neq 0$, 对 $n > m, \alpha_n = 0$, 那么称 ∞ 为 f 的 **m 阶极点**, 并按 $m = 1$ 或 $m > 1$, 称 ∞ 为 f 的**单极点** 或 **m 重极点**. 例如, $f(z) = \dfrac{1}{z} + z + 2z^2$ 以 ∞ 为 二阶极点.

(3) 如果有无穷个 $n > 0$, 使 $\alpha_n \neq 0$, 那么称 ∞ 为 f 的**本性奇点**. 例如, $f(z) = \mathrm{e}^z = 1 + z + \dfrac{z^2}{2!} + \cdots$ 以 ∞ 为本性奇点.

$f(z)$ 在无穷远点的性质, 也可以通过变换 $z = \dfrac{1}{w}$ 化 $f(z)$ 为 $\varphi(w) = f\left(\dfrac{1}{w}\right)$, 研究 $w = 0$ 时 $\varphi(w)$ 的性质.

定理 4.3.9 设 $f(z)$ 在 $R < |z| < \infty$ $(R \geqslant 0)$ 内解析, 那么 $z = \infty$ 是 $f(z)$ 的可去奇点、极点或本性奇点的充分必要条件是存在有限极限 $\lim\limits_{z \to \infty} f(z)$, 无穷极限 $\lim\limits_{z \to \infty} f(z)$ 或不存在有限或无穷的极限 $\lim\limits_{z \to \infty} f(z)$.

*4.3.4　整函数与亚纯函数的概念

1. 整函数

如果 $f(z)$ 在有限复平面 $\mathbb{C}$ 上解析, 则称 $f(z)$ 为**整函数**. 无穷远点是整函数的孤立奇点. 在 $\mathbb{C}$ 上 $f(z)$ 围绕无穷远点的 Laurent 展式就是 Taylor 展式

$$f(z) = \sum_{n=0}^{\infty} \alpha_n z^n.$$

当 $f(z)$ 恒等于常数时, ∞ 为可去奇点; 当 $f(z)$ 为 $n\ (\geqslant 1)$ 次多项式时, ∞ 为 n 阶极点; 其他情况下, ∞ 为 $f(z)$ 的本性奇点, 此时称 $f(z)$ 为超越整函数. 例如, $e^z, \sin z$ 都是超越整函数. 从这个分类立刻可以看出 Liouville 定理: 有界整函数只能是常数.

应用 Liouville 定理, 可以证明如下结论.

定理 4.3.10　设 $f(z)$ 是一整函数, 则按 $z = \infty$ 是 $f(z)$ 的可去奇点, $n\ (\geqslant 1)$ 阶极点或本性奇点必须且只需 $f(z)$ 恒等于常数, $n\ (\geqslant 1)$ 次多项式或超越整函数.

2. 亚纯函数

如果 $f(z)$ 在有限复平面上除去极点外, 到处解析, 那么称 $f(z)$ 为**亚纯函数**. 例如, $\tan z$ 有极点 $z = \left(k + \dfrac{1}{2}\right)\pi\ (k = 0, \pm 1, \cdots)$, $z^2 + 1$, $\sin z$, $\dfrac{z^3 + 1}{z^2 + 2z - 1}$ 都是亚纯函数.

定理 4.3.11　函数 $f(z)$ 为有理函数的充分必要条件为 $f(z)$ 在扩充 z 平面上除极点、可去奇点外, 无其他类型的奇点.

证明　**必要性**　设 $f(z) = \dfrac{P(z)}{Q(z)}$, 其中 P, Q 分别为 m, n 次互素多项式.

当 $m > n$ 时, $z = \infty$ 为 $f(z)$ 的 $m - n$ 阶极点, Q 的零点为 $f(z)$ 的极点.

当 $m \leqslant n$ 时, $z = \infty$ 为 $f(z)$ 的可去奇点, 只要定义 $f(\infty) = \lim\limits_{z \to \infty} \dfrac{P(z)}{Q(z)}$. $f(z)$ 的极点仅为 $Q(z)$ 的零点.

充分性　由于在扩充 z 平面上只有可去奇点及极点, 则极点的个数仅有有限个, 否则在扩充 z 平面上有极点的聚点, 它为非孤立奇点, 与假设矛盾.

假设 $z_1, z_2, \cdots, z_n$ 为 $f(z)$ 的所有有限极点, 其阶数分别为 $\lambda_1, \lambda_2, \cdots, \lambda_n$, 则

$$h(z) = (z - z_1)^{\lambda_1}(z - z_2)^{\lambda_2} \cdots (z - z_n)^{\lambda_n} f(z)$$

在有限复平面上解析, 至多 ∞ 是极点, 所以 $h(z)$ 为多项式, 因此由上式得 $f(z)$ 为有理函数.　　　　　　　　　　　　　　　　　　　　　　　　　　　　□

1. 将下列函数在指定圆环内展成 Laurent 级数:

(1) $\dfrac{z+1}{z^2(z-1)}, 0 < |z| < 1, 1 < |z| < \infty$;

(2) $\dfrac{z^2-2z+5}{(z-2)(z^2+1)}, 1 < |z| < 2$.

2. 求出下列函数的奇点, 并确定它们的类型 (对极点要指出它们的阶), 对于无穷远点也要加以讨论:

(1) $\dfrac{1}{\sin z + \cos z}$;　　　(2) $\cos\dfrac{1}{z+\mathrm{i}}$;　　　(3) $\dfrac{1}{\mathrm{e}^z - 1}$.

3. 设函数 $f(z)$, $g(z)$ 分别以 z_0 点为 m, n 阶极点, 试问 $f(z)+g(z)$, $f(z)g(z)$ 以及 $\dfrac{f(z)}{g(z)}$ 是否以 z_0 为极点? 若是, 确定其阶.

4. 考察函数

$$f(z) = \sin\left[\frac{1}{\sin\dfrac{1}{z}}\right]$$

的奇点类型.

5. 设函数 $f(z)$ 在 $z = z_0$ 解析, 并不恒等于常数. 试证 $z = z_0$ 是 $f(z)$ 的 m 阶零点的充分必要条件是 $z = z_0$ 是 $\dfrac{1}{f(z)}$ 的 m 阶极点.

4.4　最大模原理和 Schwarz 引理

4.4.1　最大模原理

最大模原理是复分析理论中的一个十分重要的定理, 它在研究整函数、亚纯函数理论时起着重要作用.

定理 4.4.1(最大模原理)　　如果函数 $w = f(z)$ 在区域 D 内解析, 不恒为常数, 那么 $|f(z)|$ 在 D 内任何点都不能达到最大值.

特别地, 如果 D 为有界区域, $f(z)$ 还在闭区域 $\overline{D}$ 上连续, 那么 $|f(z)|$ 的最大值在边界 ∂D 上取得.

证明　　令 $M = \sup\limits_{z \in D} |f(z)|$, 则显然 $M > 0$. 不妨设 $M < +\infty$ (否则, $M = +\infty$, 定理的结论显然成立), 令

$$D_1 = \{z \in D : |f(z)| = M\}, \quad D_2 = \{z \in D : |f(z)| < M\}.$$

则显然 $D = D_1 \cup D_2$. 下面证明: $D_1 = \varnothing$.

用反证法, 假定 $D_1 \neq \varnothing$, 任意取定 $z \in D_1$, 则 $|f(z)| = M$. 因为 $z \in D$ 和 D 是区域, 所以存在 $\delta > 0$, 使得 $U(z; \delta) \subset D$, 因此由引理 3.3.1 (或平均值公式) 得, 当 $0 < r < \delta$ 时有

$$f(z) = \frac{1}{2\pi \mathrm{i}} \int_{|\xi - z| = r} \frac{f(\xi)}{\xi - z} \mathrm{d}\xi = \frac{1}{2\pi} \int_0^{2\pi} f(z + r\mathrm{e}^{\mathrm{i}\theta}) \mathrm{d}\theta,$$

故

$$M = |f(z)| \leqslant \frac{1}{2\pi} \int_0^{2\pi} |f(z + r\mathrm{e}^{\mathrm{i}\theta})| \mathrm{d}\theta,$$

注意到 $M - |f(z + r\mathrm{e}^{\mathrm{i}\theta})| \geqslant 0$, 由上式可得

$$0 \leqslant \frac{1}{2\pi} \int_0^{2\pi} \left(M - |f(z + r\mathrm{e}^{\mathrm{i}\theta})| \right) \mathrm{d}\theta \leqslant 0,$$

从而

$$\int_0^{2\pi} \left(M - |f(z + r\mathrm{e}^{\mathrm{i}\theta})| \right) \mathrm{d}\theta = 0.$$

又因为 $M - |f(z + r\mathrm{e}^{\mathrm{i}\theta})|$ 是 $\theta \in [0, 2\pi]$ 的连续函数, 由上式可得 $|f(z + r\mathrm{e}^{\mathrm{i}\theta})| \equiv M \,(\theta \in [0, 2\pi])$, 所以由 r 的任意性得, 在 $U(z; \delta)$ 内, $|f| \equiv M$. 因此由 $f(z)$ 在 D 内解析得, $f(z)$ 在 $U(z; \delta)$ 内恒为常数. 故根据唯一性定理得, $f(z)$ 在 D 内恒为常数, 这与条件相矛盾. 从而, $D_1 = \varnothing$, $D = D_2$, 即 $|f(z)|$ 在 D 内取不到它的最大值.

特别地, 如果 D 为有界区域且 $f(z)$ 在 $\overline{D}$ 上连续, 那么根据定理 2.1.6 得, $|f(z)|$ 在 $\overline{D}$ 上取得最大值, 所以结合上面的结论得, $|f(z)|$ 的最大值只能在边界 ∂D 上取得. □

4.4.2 Schwarz 引理

Schwarz (施瓦茨) 引理在复变函数的多个领域中都起着重要作用. 下面应用最大模原理来证明这个引理.

引理 4.4.1(Schwarz 引理)   设 $f(z)$ 是在开圆盘 $|z| < 1$ 内的解析函数. 设 $f(0) = 0$, 且当 $|z| < 1$ 时, $|f(z)| < 1$. 在这些条件下, 我们有

(1) 当 $|z| < 1$ 时, $|f(z)| \leqslant |z|$;

(2) $|f'(0)| \leqslant 1$;

(3) 如果对于某一复数 z_0 $(0 < |z_0| < 1)$, $|f(z_0)| = |z_0|$, 或者如果当 $|f'(0)| = 1$ 时, 那么在 $|z| < 1$ 内,

$$f(z) = \lambda z, \tag{4.4.1}$$

其中 λ 是一复常数, 并且 $|\lambda| = 1$.

证明 (1) 由于 $f(z)$ 在 $|z| < 1$ 内解析和 $f(0) = 0$, 所以 $f(z)$ 在 $|z| < 1$ 内有 Taylor 展式

$$f(z) = \alpha_1 z + \alpha_2 z^2 + \cdots + \alpha_n z^n + \cdots = zg(z), \tag{4.4.2}$$

其中 $g(z) = \alpha_1 + \alpha_2 z + \cdots$ 在 $|z| < 1$ 内解析.

因为当 $|z| < 1$ 时, $|f(z)| < 1$, 所以对于 $|z| = r$ $(0 < r < 1)$, 有

$$|g(z)| = \left| \frac{f(z)}{z} \right| < \frac{1}{r}. \tag{4.4.3}$$

因此由最大模原理得, 当 $|z| \leqslant r$ 时, 仍然有

$$|g(z)| < \frac{1}{r}.$$

令 $r \to 1^-$, 可得当 $|z| < 1$ 时, 有

$$|g(z)| \leqslant 1. \tag{4.4.4}$$

于是当 $0 < |z| < 1$ 时,

$$\left| \frac{f(z)}{z} \right| \leqslant 1. \tag{4.4.5}$$

亦即

$$|f(z)| \leqslant |z|. \tag{4.4.6}$$

由于 $f(0) = 0$, 所以 (4.4.6) 式当 $z = 0$ 时仍成立. 因此引理中结论 (1) 成立.

(2) 由 (4.4.5) 可知

$$|f'(0)| = \left| \lim_{z \to 0} \frac{f(z) - f(0)}{z - 0} \right| = \lim_{z \to 0} \left| \frac{f(z)}{z} \right| \leqslant 1.$$

(3) 设存在某点 z_0 $(0 < |z_0| < 1)$, $|f(z_0)| = |z_0|$, 而由 $|g(z)| = \left| \dfrac{f(z)}{z} \right| \leqslant 1$, 可知 $g(z)$ 在点 z_0 达到最大模 1, 所以根据最大模原理得, $g(z)$ 为常数 λ, 且满足 $|\lambda| = 1$, 即 $f(z) = \lambda z$.

若 $|f'(0)| = 1$, 即

$$|g(0)| = \left| \lim_{z \to 0} g(z) \right| = \left| \lim_{z \to 0} \frac{f(z) - f(0)}{z - 0} \right| = |f'(0)| = 1,$$

结合 (4.4.4) 说明 $g(z)$ 在点 $z = 0$ 达到最大模 1, 所以 $g(z)$ 为常数 λ, 且满足 $|\lambda| = 1$, 即 $f(z) = \lambda z$. □

Schwarz 引理表明: 设 $f(z)$ 在 $|z| < 1$ 内解析, 且在映射 $w = f(z)$ 下, $|z| < 1$ 的象在 $|w| < 1$ 内, $f(0) = 0$, 则

(1) $|z| < r$ $(0 < r < 1)$ 的象在 $|w| \leqslant r$ 上;

(2) $|f'(0)| \leqslant 1$;

(3) 如果某一 z_0 $(0 < |z_0| < 1)$ 和它的象的模相等, 或者 $|f'(0)| = 1$, 那么 $f(z) = \lambda z$, 其中 λ 是一模为 1 的复常数.

习　题　4.4

1. 如果 $f(z)$ 在区域 D 内解析, 不为常数, 且没有零点, 证明 $|f(z)|$ 不可能在 D 内达到最小值.

2. 设 $f(z)$ 在 $|z| \leqslant a$ 上解析, 在圆 $|z| = a$ 上有 $|f(z)| > m$, 并且 $|f(0)| < m$, 其中 a 及 m 是有限正数, 证明 $f(z)$ 在 $|z| < a$ 内至少有一个零点.

3. 设函数 $f(z)$ 在 $|z| < R$ 内解析, 且 $|f(z)| \leqslant M$, $f(0) = 0$. 证明: 在 $|z| < R$ 内, 有

$$|f(z)| \leqslant \frac{M}{R}|z|, \quad |f'(0)| \leqslant \frac{M}{R},$$

其中等号仅当 $f(z) = \dfrac{M}{R}\mathrm{e}^{\mathrm{i}\alpha}z$ (α 为实数) 时成立.

第 4 章小结

本章主要叙述如下几个主要内容:

1. 复变函数项级数

$$S(z) = f_1(z) + f_2(z) + \cdots.$$

(1) 两个概念: 集合 E 上一致收敛; 区域 D 中内闭一致收敛.

(2) 两个判别法: Cauchy 一致收敛判别法; 优级数判别法.

(3) 和函数性质: 连续性; 逐项积分; 逐项求导.

2. 幂级数

$$f(z) = \sum_{n=0}^{\infty} \alpha_n(z - z_0)^n, \quad \alpha_n = \frac{f^{(n)}(z_0)}{n!}, \quad n = 0, 1, \cdots.$$

(1) 收敛半径的确定方法.

(2) 收敛圆内和函数解析、逐项求导、逐项积分、收敛圆的边界上至少有一个奇点.

(3) 解析函数 e^z, $\sin z$, $\cos z$, $\ln(1+z)$, $(1+z)^\alpha$ 的 Taylor 展式.

3. 解析函数的零点与唯一性

(1) 若 z_0 为解析函数 $f(z)$ 的 m 阶零点, 则 $f(z) = (z - z_0)^m \varphi(z)$, $\varphi(z)$ 解析且 $\varphi(z_0) \neq 0$. 零点是孤立的.

(2) 解析函数的唯一性.

4. 圆环内解析函数的 Laurent 展式

$$f(z) = \sum_{n=-\infty}^{+\infty} \alpha_n (z - z_0)^n, \quad R_1 < |z - z_0| < R_2,$$

$$\alpha_n = \frac{1}{2\pi i} \int_\gamma \frac{f(\zeta)}{(\zeta - z_0)^{n+1}} d\zeta, \quad \gamma : |\zeta - z_0| = \rho, \ R_1 < \rho < R_2.$$

(1) 圆环内内闭一致收敛的 Laurent 级数的和函数解析. 反之, 圆环内的解析函数可展开为 Laurent 级数.

(2) 孤立奇点可分三类: 可去奇点、极点、本性奇点.

可去奇点 z_0 的特征: 主要部分为零; $\lim\limits_{z \to z_0} f(z_0) = b(\neq \infty)$; 在 z_0 的去心邻域内有界.

极点 z_0 的特征: 主要部分仅有有限项 (至少一项); $\lim\limits_{z \to z_0} f(z) = \infty$; $f(z) = \dfrac{1}{(z - z_0)^m} \varphi(z)$, $\varphi(z)$ 在 z_0 点解析, $\varphi(z_0) \neq 0$.

本性奇点 z_0 的特征: 主要部分有无限项; 不存在有限或无限的 $\lim\limits_{z \to z_0} f(z)$.

(3) 关于本性奇点的 Picard 定理.

(4) 关于以 ∞ 为孤立奇点的解析函数的性质.

5. 整函数与亚纯函数

(1) 整函数特点: 在 z 平面上解析, 分为多项式及超越整函数.

(2) 亚纯函数特点: 有限复平面上最多有极点, 分为有理函数及超越亚纯函数.

6. 最大模原理

(1) 区域 D 内不恒为常数的解析函数 $f(z)$, 在 D 内不能达到最大模.

(2) Schwarz 引理.

第 4 章知识图谱

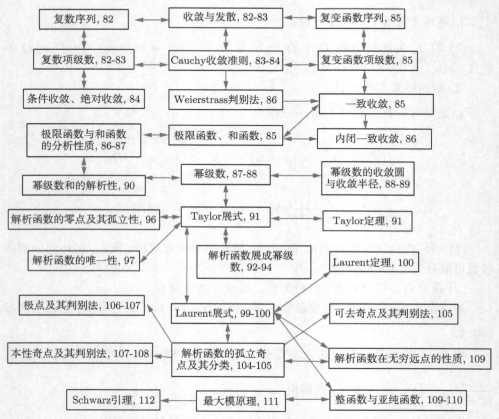

第 4 章复习题

1. 设在 $|z| < R$ 内解析函数 $f(z)$ 有 Taylor 展式

$$f(z) = \alpha_0 + \alpha_1 z + \cdots + \alpha_n z^n + \cdots,$$

令 $M(r) = \max\limits_{0 \leqslant \theta \leqslant 2\pi} |f(re^{i\theta})|$. 试证

$$|\alpha_n| \leqslant \frac{M(r)}{r^n}, \quad n = 0, 1, 2, \cdots, \ 0 < r < R \quad \text{(Cauchy 不等式)}.$$

2. 证明在扩充复平面上只有一个一阶极点的亚纯函数 $f(z)$ 必有下面的形式:

$$f(z) = \frac{\alpha z + \beta}{\gamma z + \delta}, \quad \alpha\delta - \beta\gamma \neq 0.$$

3. 设函数 $f(z)$ 在区域 D 内解析. 证明如果对某 $z_0 \in D$ 有

$$f^{(n)}(z_0) = 0, \quad n = 1, 2, \cdots,$$

那么 $f(z)$ 在 D 内为常数.

4. 设幂级数 $f(z) = \sum\limits_{n=0}^{+\infty} \alpha_n z^n$ 所表示的和函数 $f(z)$ 在其收敛圆上只有唯一的一阶极点 z_0.

试证明 $\dfrac{\alpha_n}{\alpha_{n+1}} \to z_0$.

5. 设函数 $f(z)$ 在扩充 z 平面上除孤立奇点外解析, 试证明其奇点的个数必为有限个.

6. 若 $f(z)$ 是 $0 < |z - a| < R$ 内不恒等于常数的解析函数, 而且 $z = a$ 是它的零点的极限点, 试证明 $z = a$ 是 $f(z)$ 的本性奇点.

7. 设 z 是任一复数. 证明:

$$|e^z - 1| \leqslant e^{|z|} - 1 \leqslant |z| e^{|z|}.$$

8. 设 $f(z)$ 是一整函数, 并且假定存在着一个正整数 n 以及两个正数 R 及 M, 使得当 $|z| \geqslant R$ 时,

$$|f(z)| \leqslant M |z|^n.$$

证明 $f(z)$ 是一个次数至多为 n 的多项式或常数.

9. 若 $f(z) = \sum\limits_{n=0}^{\infty} a_n z^n \ (a_0 \neq 0)$ 的收敛半径 $r > 0$, 而且 $M = \max\limits_{|z| \leqslant \rho} |f(z)| \ (\rho < r)$. 试证明在圆 $|z| < \dfrac{|a_0|}{|a_0| + M} \rho$ 内, $f(z)$ 没有零点.

10. 若不为常数的函数 $f(z)$ 在 $|z| < R$ 内解析. 试证明 $M(r) = \max\limits_{|z| = r} |f(z)|$ 与 $A(r) = \max\limits_{|z| = r} \mathrm{Re}\{f(z)\} \ (r < R)$ 都是 r 的严格递增函数.

11. 若 $f(z)$ 与 $g(z)$ 都在 $|z| \leqslant 1$ 上解析, 在 $|z| < 1$ 内处处不为零, 而且 $f(0) > 0$, $g(0) > 0$, 在 $|z| = 1$ 上 $|f(z)| = |g(z)|$, 试证明 $f(z) \equiv g(z)$.

第 4 章测试题

一、填空题 (每小题 3 分, 共 15 分)

1. 设 $z_n = a_n + \mathrm{i}b_n, z_0 = a_0 + \mathrm{i}b_0$. 若 $\lim\limits_{n \to \infty} z_n = z_0$, 则 $\lim\limits_{n \to \infty} a_n = (\quad)$, $\lim\limits_{n \to \infty} b_n = (\quad)$.

2. 设 $z_n = a_n + \mathrm{i}b_n$. 若 $\sum\limits_{n=1}^{\infty} z_n$ 收敛, 则 $\lim\limits_{n \to \infty} z_n = (\quad)$.

3. 函数 $f(z) = \dfrac{1}{z - 2}$ 展开成 z 的幂级数为 $(\quad)$.

4. 函数 $f(z) = \dfrac{\sin z}{z}$ 在 $z = 0$ 的去心邻域内的 Laurent 级数为 $(\quad)$.

5. 函数 $e^z - 1$ 的零点是函数 $f(z) = \dfrac{1}{e^z - 1} - \dfrac{1}{z - 1}$ 的奇点类型是 $(\quad)$.

二、单项选择题 (每小题 2 分, 共 20 分)

1. 下列序列发散的是 (　　).

A. $z_n = \left(1 + \dfrac{1}{n}\right)\mathrm{e}^{\mathrm{i}\frac{\pi}{n}}$　B. $z_n = \cos \mathrm{i}n$　C. $z_n = \dfrac{1 + n\mathrm{i}}{1 - n\mathrm{i}}$　D. $z_n = \dfrac{(-1)^n}{n} + \dfrac{\mathrm{i}}{2^n}$

2. 下列级数发散的是 (　　).

A. $\displaystyle\sum_{n=1}^{\infty} \left(\dfrac{2 + 3\mathrm{i}}{3}\right)^n$　B. $\displaystyle\sum_{n=1}^{\infty} z^n,\ |z| < 1$　C. $\displaystyle\sum_{n=1}^{\infty} \dfrac{1}{n}\left((-1)^n + \dfrac{\mathrm{i}}{n}\right)$　D. $\displaystyle\sum_{n=1}^{\infty} \dfrac{(8\mathrm{i})^n}{n!}$

3. 设 $\displaystyle\lim_{n\to\infty} \dfrac{a_{n+1}}{a_n} = \rho < \infty$, 级数 $\displaystyle\sum_{n=0}^{\infty} a_n z^n$ 的收敛半径为 r_1, 级数 $\displaystyle\sum_{n=0}^{\infty} \dfrac{a_n}{n+1} z^{n+1}$ 的收敛半径为 r_2, 级数 $\displaystyle\sum_{n=1}^{\infty} n a_n z^{n-1}$ 的收敛半径为 r_3, 则 (　　).

A. $r_1 > r_2 = r_3$　　B. $r_1 > r_2 > r_3$　　C. $r_1 = r_2 = r_3$　　D. 无法确定

4. 下列表述正确的是 (　　).

A. 级数 $\displaystyle\sum_{n=1}^{\infty} \dfrac{1}{(2 + 3\mathrm{i})^n}$ 发散　　　B. 级数 $\displaystyle\sum_{n=1}^{\infty} \dfrac{1 + \mathrm{i}^{2n+1}}{n}$ 收敛

C. $\displaystyle\sum_{n=1}^{\infty} \left(\dfrac{(-1)^n}{n} + \dfrac{1}{3^n}\mathrm{i}\right)$ 绝对收敛　D. 若级数 $\displaystyle\sum_{n=0}^{\infty} |z_n|$ 收敛, 则级数 $\displaystyle\sum_{n=0}^{\infty} z_n$ 收敛

5. 在原点解析, 且在 $z = \dfrac{1}{n}, n = 1, 2, \cdots$ 取下列各组值的函数存在的是 (　　).

A. $\dfrac{1}{3}, \dfrac{2}{5}, \dfrac{3}{7}, \dfrac{4}{9}, \cdots$　　　　B. $0, 2, 0, 2, 0, 2, \cdots$

C. $1, 0, \dfrac{1}{3}, 0, \dfrac{1}{5}, 0, \cdots$　　　D. $1, 1, \dfrac{1}{3}, \dfrac{1}{3}, \dfrac{1}{5}, \dfrac{1}{5}, \cdots$

6. $z = k\pi, k \in \mathbb{Z}$ 是函数 $f(z) = \tan z$ 的 (　　) 级零点.

A. 3　　　B. 2　　　C. 1　　　D. 无法确定

7. 下列函数不以 $z = 0$ 为极点的是 (　　).

A. $\dfrac{\mathrm{e}^z}{z}$　　B. $\dfrac{\sin z}{z}$　　C. $\dfrac{1}{\mathrm{e}^z - 1}$　　D. $\dfrac{\mathrm{e}^z - 1}{z^3}$

8. 下列函数中在 $\mathbb{C}$ 内没有本性奇点的是 (　　).

A. $f(z) = \dfrac{\mathrm{e}^z - 1}{z}$　　B. $f(z) = \mathrm{e}^{\frac{1}{z}} + \mathrm{e}^z$　　C. $f(z) = \mathrm{e}^{\frac{1}{z}}$　　D. $f(z) = \sin \dfrac{1}{z}$

9. 下列函数中零点的阶小于 2 的是 (　　).

A. $f(z) = \mathrm{e}^z - 1$　　　　B. $f(z) = \sin z - \ln(1 + z)$

C. $f(z) = \sin z(\cos z - 1)$　　D. $f(z) = \ln(1 + z) - z$

10. 下列函数中极点的阶大于 3 的是 (　　).

A. $f(z) = \dfrac{1}{\sin z + \cos z}$　B. $f(z) = \dfrac{1}{\mathrm{e}^{z^2} - 1}$　C. $f(z) = \dfrac{\cos z - 1}{z^2}$　D. $f(z) = \dfrac{\sin z}{z^5}$

三、(15 分) 设函数 $f(z)$ 在 $|z| < R$ 内解析, 且 $|f(z)| \leqslant M$, $f(0) = 0$. 证明: 在 $|z| < R$ 内, 有

$$|f(z)| \leqslant \frac{M}{R}|z|, \quad |f'(0)| \leqslant \frac{M}{R},$$

其中等号仅当 $f(z) = \dfrac{M}{R}\mathrm{e}^{\mathrm{i}\alpha} z$ (α 为实数) 时成立.

四、(10 分) 证明: 级数 $\sum\limits_{n=1}^{\infty} (-1)^{n-1} \dfrac{1}{\mathrm{i}+n-1}$ 收敛, 但不是绝对收敛.

五、(10 分) 求 $f(z) = \dfrac{1}{z(z-1)}$ 在指定圆环内的 Laurent 级数: (1) $0 < |z| < 1$; (2) $1 < |z-1| < \infty$.

六、(15 分) 求幂级数 $\sum\limits_{n=0}^{\infty} (n+1)(z-3)^{n+1}$ 的收敛半径、收敛圆及和函数.

七、(15 分) 证明: 级数 $\sum\limits_{n=1}^{\infty} \dfrac{1}{n^2} \left(z^n + \dfrac{1}{z^n} \right)$ 在圆周 $|z| = 1$ 上一致收敛, 当 $|z| \neq 1$ 时发散.

第 5 章 留　　数

5.1　留　数　定　理

5.1.1　孤立奇点处的留数

设函数 $f(z)$ 在点 $z_0 \in \mathbb{C}$ 解析, 则存在 $r > 0$, 使 $f(z)$ 在闭圆盘 $\{z : |z - z_0| \leqslant r\}$ 上解析. 于是由 Cauchy 积分定理得

$$\int_C f(z)\mathrm{d}z = 0, \tag{5.1.1}$$

其中 $C : |z - z_0| = r$, 取逆时针方向. 若 z_0 是 $f(z)$ 的孤立奇点. 设 $f(z)$ 在去心圆盘 $D_0 := \{z : 0 < |z - z_0| < R\}(R > r)$ 内解析, 则积分 (5.1.1) 存在, 但不一定为零.

定义 5.1.1　将积分

$$\frac{1}{2\pi\mathrm{i}} \int_C f(z)\mathrm{d}z \tag{5.1.2}$$

定义为 $f(z)$ 在孤立奇点 z_0 的**留数**, 记作 $\mathrm{Res}(f, z_0)$, 其中积分是沿着逆时针方向取的. 由 Cauchy 积分定理易得, 当 $r \in (0, R)$ 时, 留数与 r 的选择无关.

将 $f(z)$ 在 D_0 内展成 Laurent 级数

$$f(z) = \sum_{n=-\infty}^{+\infty} a_n(z - z_0)^n. \tag{5.1.3}$$

由于 (5.1.3) 式可沿圆周 $|z - z_0| = r$ 逐项积分, 所以有

$$\frac{1}{2\pi\mathrm{i}} \int_C f(z)\mathrm{d}z = \frac{1}{2\pi\mathrm{i}} \sum_{n=-\infty}^{+\infty} \int_C a_n(z - z_0)^n \mathrm{d}z = a_{-1} = \mathrm{Res}(f, z_0), \tag{5.1.4}$$

即 $f(z)$ 在孤立奇点 z_0 的留数, 等于它在 z_0 点的 Laurent 展式中 -1 次项 $\dfrac{1}{z - z_0}$ 的系数.

定理 5.1.1(留数定理)　设 D 是复平面上的一个有界区域, 其边界 ∂D 是有限条简单闭曲线 (如图 5.1 所示, 其中 $\partial D = G_0 + G_1^- + G_2^-$). 设函数 $f(z)$ 在 D 内除去有限个孤立奇点 $z_1, z_2, \cdots, z_n$ 外, 在闭区域 $\overline{D}$ 上其余的每一点解析, 则有

$$\frac{1}{2\pi \mathrm{i}} \int_{\partial D} f(z)\mathrm{d}z = \sum_{k=1}^{n} \mathrm{Res}(f, z_k), \tag{5.1.5}$$

其中积分是按关于区域 D 的正向取的.

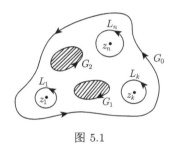

图 5.1

证明　以 D 内每一个孤立奇点 z_k 为圆心, 作充分小的圆 L_k, 使它们的边界都在 D 内, 并且使这些圆互相分离. 于是由 Cauchy 积分定理及 (5.1.4) 即得

$$\frac{1}{2\pi \mathrm{i}} \int_{\partial D} f(z)\mathrm{d}z = \sum_{k=1}^{n} \frac{1}{2\pi \mathrm{i}} \int_{L_k} f(z)\mathrm{d}z = \sum_{k=1}^{n} \mathrm{Res}(f, z_k). \qquad \square$$

5.1.2　留数的计算

方法 1: 按定义 5.1.1 用积分计算.

方法 2: 将 $f(z)$ 在 z_0 点附近展成 Laurent 级数 (5.1.3), 找出 -1 次项的系数 a_{-1} 就是 $f(z)$ 在 z_0 点的留数.

例 1　设函数 $f(z) = z^2 \mathrm{e}^{\frac{1}{z}}$, 试求 $\mathrm{Res}(f, 0)$.

解　由于

$$z^2 \mathrm{e}^{\frac{1}{z}} = z^2 + z + \frac{1}{2} + \frac{1}{3!}\frac{1}{z} + \frac{1}{4!}\frac{1}{z^2} + \cdots,$$

所以运用方法 2 得

$$\mathrm{Res}(f, 0) = a_{-1} = \frac{1}{3!} = \frac{1}{6}. \qquad \square$$

方法 3: 设 z_0 为 $f(z)$ 的 n 阶极点, 则在 z_0 点附近有

$$f(z) = \frac{\phi(z)}{(z - z_0)^n},$$

其中 $\phi(z)$ 在 z_0 点解析且 $\phi(z_0) \neq 0$ (分离出 $\phi(z)$ 是此法的关键!), 则由 Cauchy 积分公式可得

$$\mathrm{Res}(f, z_0) = \frac{1}{2\pi i} \int_C \frac{\phi(z)}{(z - z_0)^n} \mathrm{d}z = \frac{\phi^{(n-1)}(z_0)}{(n - 1)!},$$

其中 $C : |z - z_0| = r$, 取逆时针方向.

特别地, 当 z_0 是 $f(z)$ 的二阶极点时, 在 z_0 点附近有 $\phi(z) = f(z)(z - z_0)^2$, 则

$$\mathrm{Res}(f, z_0) = \phi'(z_0).$$

当 z_0 是 $f(z)$ 的单极点时, 在 z_0 点附近有 $\phi(z) = f(z)(z - z_0)$. 于是

$$\mathrm{Res}(f, z_0) = \phi(z_0) = \lim_{z \to z_0} [f(z)(z - z_0)].$$

例 2　设函数 $f(z) = \dfrac{\sec z}{z^3}$, 试求 $\mathrm{Res}(f, 0)$.

解　显然 $z = 0$ 是 $f(z)$ 的三阶极点. 令 $\phi(z) = \sec z$, 运用方法 3 得

$$\mathrm{Res}(f, 0) = \frac{\phi''(z)}{2}\bigg|_{z=0} = \frac{(\sec z)''}{2}\bigg|_{z=0} = \frac{1}{2} \cdot \frac{\cos^2 z + 2\sin^2 z}{\cos^3 z}\bigg|_{z=0} = \frac{1}{2}. \qquad \square$$

方法 4: 单极点还有一种特殊情况, 即 $f(z) = \dfrac{p(z)}{q(z)}$, 其中 $p(z), q(z)$ 在 z_0 点解析且 $p(z_0) \neq 0, q(z_0) = 0, q'(z_0) \neq 0$, 则

$$\mathrm{Res}(f, z_0) = \lim_{z \to z_0}\left[(z - z_0)\frac{p(z)}{q(z)}\right] = \lim_{z \to z_0} \frac{p(z)}{\dfrac{q(z) - q(z_0)}{z - z_0}} = \frac{p(z_0)}{q'(z_0)}.$$

从理论上看, 方法 1、方法 2 可用于所有孤立奇点; 方法 3 适用于极点; 方法 4 仅适用于特殊形式的单极点.

例 3　设函数 $f(z) = \dfrac{e^{iz}}{1 + z^2}$, 求它在两个一阶极点 $z = \pm i$ 处的留数.

解　令 $p(z) = e^{iz}, q(z) = 1 + z^2$, 运用方法 4 得

$$\frac{p(z)}{q'(z)} = \frac{\mathrm{e}^{\mathrm{i}z}}{2z},$$

因此

$$\mathrm{Res}(f, \mathrm{i}) = \left.\frac{\mathrm{e}^{\mathrm{i}z}}{2z}\right|_{z=\mathrm{i}} = -\frac{\mathrm{i}}{2\mathrm{e}}, \quad \mathrm{Res}(f, -\mathrm{i}) = \left.\frac{\mathrm{e}^{\mathrm{i}z}}{2z}\right|_{z=-\mathrm{i}} = \frac{\mathrm{i}\mathrm{e}}{2}. \qquad \square$$

习 题 5.1

1. 试求下列各解析函数在指定各点的留数:

(1) $\dfrac{z^2}{(z^2+1)^2}$, 在 $z = \pm\mathrm{i}$;

(2) $\dfrac{1}{1-\mathrm{e}^z}$, 在 $z = 2n\pi\mathrm{i}$, 其中 n 为整数;

(3) $\sin\dfrac{1}{z-1}$, 在 $z = 1$.

2. 设函数 $f(z)$ 在区域 $r_0 < |z| < \infty$ 内解析, C 表示圆

$$|z| = r, \quad 0 < r_0 < r.$$

把积分

$$\frac{1}{2\pi\mathrm{i}} \int_{C^-} f(z)\mathrm{d}z$$

定义为函数 $f(z)$ 在无穷远处的留数, 记作 $\mathrm{Res}(f, \infty)$, 其中积分中的 C^- 表示积分是沿着 C 按顺时针方向取的. 试证明如果 α_{-1} 表示 $f(z)$ 在

$$r_0 < |z| < +\infty$$

的 Laurent 展式中 $\dfrac{1}{z}$ 的系数, 那么

$$\mathrm{Res}(f, \infty) = -\alpha_{-1}.$$

3. 求下列函数 $f(z)$ 的关于各孤立奇点及无穷远点 (如果它不是奇点的极限点) 的留数:

(1) $\dfrac{5z-2}{z(z-1)}$;　　　(2) $\dfrac{1+z^4}{z(z^2+1)}$;

(3) $\dfrac{1}{z}$;　　　(4) $\dfrac{z}{(z-z_1)^m(z-z_2)}$ $(z_1 \neq z_2, z_1 z_2 \neq 0, m > 1)$;

(5) $\mathrm{e}^{\frac{1}{z}}$;　　　(6) $\dfrac{1}{(z^5-1)(z-3)}$.

5.2　留数定理的应用

5.2.1　用留数定理求积分

例 1　求积分

$$I = \int_{|z|=2} \frac{5z-2}{z(z-1)^2} \mathrm{d}z.$$

解　显然被积函数在圆盘 $\{z : |z| < 2\}$ 内有一阶极点 $z = 0$ 和二阶极点 $z = 1$. 运用方法 3 可得

$$\mathrm{Res}(f, 0) = \left.\frac{5z-2}{(z-1)^2}\right|_{z=0} = -2,$$

$$\mathrm{Res}(f, 1) = \left.\left(\frac{5z-2}{z}\right)'\right|_{z=1} = \left.\frac{2}{z^2}\right|_{z=1} = 2,$$

所以由留数定理得

$$I = 2\pi\mathrm{i}(-2 + 2) = 0. \hspace{3cm} \square$$

例 2　求积分

$$I = \int_{|z|=n} \tan(\pi z) \mathrm{d}z.$$

解　显然被积函数 $\tan(\pi z) = \dfrac{\sin(\pi z)}{\cos(\pi z)}$ 仅有一阶极点 $z = k + \dfrac{1}{2}(k = 0, \pm 1,$ $\cdots)$, 于是由方法 4 可得

$$\mathrm{Res}\left(f, k + \frac{1}{2}\right) = \left.\frac{\sin(\pi z)}{[\cos(\pi z)]'}\right|_{z=k+\frac{1}{2}} = -\frac{1}{\pi}.$$

注意到

$$|z| = \left|k + \frac{1}{2}\right| < n \quad \Leftrightarrow \quad -n - \frac{1}{2} < k < n - \frac{1}{2},$$

仅当 $k = -n, -n + 1, \cdots, 0, 1, \cdots, n - 1$ 时, 共 $2n$ 个极点在圆 $\{z : |z| < n\}$ 内, 所以由留数定理得

$$I = 2\pi\mathrm{i} \sum_{k=-n}^{n-1} \mathrm{Res}\left(f, k + \frac{1}{2}\right) = -4n\mathrm{i}. \hspace{2cm} \square$$

例 3 计算积分

$$I = \int_0^{2\pi} \frac{\mathrm{d}t}{a + \sin t}, \quad a > 1.$$

解 令 $z = \mathrm{e}^{\mathrm{i}t}$, 则

$$\sin t = \frac{\mathrm{e}^{\mathrm{i}t} - \mathrm{e}^{-\mathrm{i}t}}{2\mathrm{i}} = \frac{1}{2\mathrm{i}}\left(z - \frac{1}{z}\right), \quad \mathrm{d}t = \frac{\mathrm{d}z}{\mathrm{i}z}.$$

这样, 当 t 从 0 增加到 2π 时, $z = \mathrm{e}^{\mathrm{i}t}$ 将沿逆时针方向绕圆 $L := \{z : |z| = 1\}$ 一周. 于是对原式作变换得到闭曲线上的复积分

$$I = \int_L \frac{2\mathrm{d}z}{z^2 + 2\mathrm{i}az - 1} = \int_L \frac{2\mathrm{d}z}{[z - (-\mathrm{i}a + \mathrm{i}\sqrt{a^2 - 1})][z - (-\mathrm{i}a - \mathrm{i}\sqrt{a^2 - 1})]},$$

其中被积函数在圆盘 $\{z : |z| < 1\}$ 内仅有一个一阶极点 $z_0 = -\mathrm{i}a + \mathrm{i}\sqrt{a^2 - 1}$. 所以由留数定理得

$$I = 2\pi\mathrm{i}\mathrm{Res}(f, z_0) = \frac{2\pi}{\sqrt{a^2 - 1}}. \qquad \square$$

注 例 3 的方法可计算形如 $I = \int_0^{2\pi} R(\sin t, \cos t)\mathrm{d}t$ 的实积分, 其中 $R(x, y)$ 是有理函数, 并且在圆周 $\{(x, y) : x^2 + y^2 = 1\}$ 上, 分母不为零.

引理 5.2.1 设 $f(z) = \dfrac{P(z)}{Q(z)}$ 为有理函数, 其中

$$P(z) = a_0 z^m + a_1 z^{m-1} + \cdots + a_m, \quad Q(z) = b_0 z^n + b_1 z^{n-1} + \cdots + b_n, \quad a_0 \cdot b_0 \neq 0$$

为互质多项式, 并且满足条件 $n - m \geqslant 2$, S_R 为圆弧 $z = R\mathrm{e}^{\mathrm{i}\theta}$ $(\theta_1 \leqslant \theta \leqslant \theta_2)$, 则

$$\lim_{R \to +\infty} \int_{S_R} f(z)\mathrm{d}z = 0.$$

证明 由于 $f(z) = \dfrac{P(z)}{Q(z)}$ 为有理函数和 $n - m \geqslant 2$, 所以易得 $\lim\limits_{z \to \infty} zf(z) = 0$ 于 S_R 上一致成立, 因此, $\forall \varepsilon > 0, \exists R_0 = R(\varepsilon) > 0$, 使当 $R > R_0$ 时有

$$|zf(z)| < \frac{\varepsilon}{\theta_2 - \theta_1}, \quad z \in S_R,$$

故当 $R > R_0$ 时, 在 S_R 上, $z = Re^{i\theta}$, $dz = iRe^{i\theta}d\theta$, 简单计算可得

$$\left| \int_{S_R} f(z)dz \right| \leqslant \int_{\theta_1}^{\theta_2} \frac{\varepsilon}{R(\theta_2 - \theta_1)} Rd\theta = \varepsilon,$$

从而本引理得证. □

例 4　计算积分

$$I = \int_0^{+\infty} \frac{dx}{(1+x^2)^2}.$$

解　作辅助复函数

$$f(z) = \frac{1}{(1+z^2)^2}.$$

它在上半平面仅有一个二阶极点 $z = i$, 其留数为　$\text{Res}(f, i) = \dfrac{1}{4i}$.

令 $r > 1, L_r := \{z = x + iy : -r \leqslant x \leqslant r, y = 0\}$, $C_r := \{z = re^{it} : 0 \leqslant t \leqslant \pi\}$(图 5.2). 先运用留数定理, 然后将积分分成两部分,

$$\int_{L_r + C_r} \frac{dz}{(1+z^2)^2} = 2\pi i \, \text{Res}(f, i)$$

$$= \int_{-r}^{r} \frac{dx}{(1+x^2)^2} + \int_{C_r} \frac{dz}{(1+z^2)^2}$$

$$= 2 \int_0^r \frac{dx}{(1+x^2)^2} + \int_{C_r} \frac{dz}{(1+z^2)^2}. \tag{5.2.1}$$

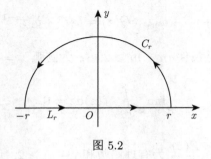

图 5.2

在 (5.2.1) 式两边令 $r \to +\infty$, 利用引理 5.2.1 得

$$I = \pi i \text{Res}(f, i) = \frac{\pi}{4}.$$

□

注 例 4 中的方法可计算形如 $I = \int_{-\infty}^{+\infty} R(x)\mathrm{d}x$ 的实反常积分, 其中 $R(x)$ 是有理函数, 分母在实轴上不为零, 并且分母的次数比分子的次数至少高 2.

5.2.2 亚纯函数的零点与极点的个数

引理 5.2.2 设 $f(z)$ 是有界区域 D 内的亚纯函数, 它在边界 ∂D 上没有零点且解析, 则 $f(z)$ 在 D 内至多有有限个零点和极点.

证明 假设 $f(z)$ 在 D 内有无穷个零点, 则可选择 D 内的无穷收敛点列 $z_n \to z_0$, 满足 $f(z_n) = 0$ $(n = 1, 2, \cdots)$. 于是由连续性可得

$$f(z_0) = \lim_{n \to +\infty} f(z_n) = 0,$$

因此, z_0 也是 $f(z)$ 的零点, 故 z_0 不在边界 ∂D 上.

因为 $\overline{D}$ 是闭集, 所以 $z_0 \in \overline{D}$, 而 z_0 不在边界 ∂D 上, 因此 $z_0 \in D$. 故由唯一性定理推得在 D 内, $f(z) \equiv 0$, 从而由连续性可知在 ∂D 上, $f(z) \equiv 0$, 这与 $f(z)$ 在边界上无零点矛盾, 这说明 D 内至多有有限个零点.

对 $\dfrac{1}{f(z)}$ 的零点运用上述结论, 即知 $f(z)$ 在 D 内至多有有限个极点. □

设 $z = z_0$ 是解析函数 $f(z)$ 的一个 k 阶零点, 则

$$f(z) = (z - z_0)^k \phi(z),$$

其中 $\phi(z)$ 在 z_0 点解析且 $\phi(z_0) \neq 0$. 于是

$$\frac{f'(z)}{f(z)} = \frac{[(z - z_0)^k \phi(z)]'}{(z - z_0)^k \phi(z)} = \frac{k}{z - z_0} + \frac{\phi'(z)}{\phi(z)},$$

所以 $\dfrac{f'(z)}{f(z)}$ 在 z_0 有单极点, 其留数

$$\mathrm{Res}\left(\frac{f'}{f}, z_0\right) = k. \tag{5.2.2}$$

设 $z = z_1$ 是函数 $f(z)$ 的一个 s 阶极点, 则

$$f(z) = \frac{\varphi(z)}{(z - z_1)^s},$$

其中 $\varphi(z)$ 在 z_1 点解析且 $\varphi(z_1) \neq 0$. 于是

$$\frac{f'(z)}{f(z)} = \left[\frac{\varphi(z)}{(z - z_1)^s}\right]' \cdot \frac{(z - z_1)^s}{\varphi(z)} = \frac{-s}{z - z_1} + \frac{\varphi'(z)}{\varphi(z)},$$

所以 $\dfrac{f'(z)}{f(z)}$ 在 z_1 也有单极点, 其留数

$$\operatorname{Res}\left(\frac{f'}{f}, z_1\right) = -s. \tag{5.2.3}$$

定理 5.2.1　设 $f(z)$ 是有界区域 D 内的亚纯函数, 其边界 ∂D 是一些简单闭曲线, $f(z)$ 在其上没有零点且解析, 则

$$\frac{1}{2\pi\mathrm{i}} \int_{\partial D} \frac{f'(z)}{f(z)} \mathrm{d}z = N - P,$$

其中 N, P 分别表示 $f(z)$ 在 D 内零点和极点的个数 (包含重数).

证明　由引理 5.2.2 可知 $f(z)$ 在 D 内仅有有限个零点 $a_1, a_2, \cdots, a_m$ 和极点 $b_1, b_2, \cdots, b_n$, 设它们的重数分别是 $k_1, k_2, \cdots, k_m$ 和 $s_1, s_2, \cdots, s_n$, 并满足 $k_1 + k_2 + \cdots + k_m = N$, $s_1 + s_2 + \cdots + s_n = P$. 则结合留数定理及 (5.2.2) 式、(5.2.3) 式, 可得

$$\frac{1}{2\pi\mathrm{i}} \int_{\partial D} \frac{f'(z)}{f(z)} \mathrm{d}z = \sum_{t=1}^{m} \operatorname{Res}\left\{\frac{f'(z)}{f(z)}, a_t\right\} + \sum_{t=1}^{n} \operatorname{Res}\left\{\frac{f'(z)}{f(z)}, b_t\right\}$$

$$= \sum_{t=1}^{m} k_t - \sum_{t=1}^{n} s_t = N - P. \qquad \square$$

*5.2.3　辐角原理

1. 简单曲线上的复合函数 $\ln f(z)$

引理 5.2.3　设 $w = f(t)(a \leqslant t \leqslant b)$ 是 W 平面上的一条不过原点的连续曲线, 则可将 f 分割成有限个连续小段 $\{f_j\}_{j=1}^{n}$, 使每一小段不会同时与正、负实轴相交.

证明　(1) 记连续实函数 $|f(t)|$ 在 $[a, b]$ 上的最小值为 $\varepsilon > 0$, 则曲线 $f \subset W_0 := W - \{w : |w| < \varepsilon\}$ 且在 W_0 上正、负实轴间的距离不小于 2ε.

(2) 存在 $\delta > 0$, 当 $|t - t'| < \delta$ 时, $|f(t) - f(t')| < \varepsilon$. 因此, 可取有限个分点

$$a = t_0 < t_1 < \cdots < t_n = b,$$

使 $t_j - t_{j-1} < \delta$ $(j = 1, 2, \cdots, n)$. 记 $f_j := \{f(t) : t \in [t_{j-1}, t_j]\}$, 结合 (1), (2), 每段曲线 f_j 不会同时与正、负实轴相交. $\qquad \square$

记沿正实轴剪开的复平面为 W_+, 沿负实轴剪开的复平面为 W_-, 则多值的辐角函数 $\arg w$ 在区域 W_+, W_- 上成为单值连续函数, 其值域分别是 $0 < \arg w < 2\pi$, $-\pi < \arg w < \pi$.

设 $L = L(a, b)$ 是一条起点为 a、终点为 b 的简单连续曲线, $w = f(z)$ 是 L 上没有零点的解析函数, 其象集 $f(L) = \{w = f(z) : z \in L\}$ 是 W 平面上一条不过零点的连续曲线. 则由引理 5.2.3 可将 $L(a, b)$ 切割成一些小段 $\{L_j = L_j(z_{j-1}, z_j)\}_{j=1}^n$, 使每段象曲线 $f(L_j)$ 含于 W_+ 或 W_-. 这样 $\arg f(z)$ 成为每个小段 L_j 上的单值连续函数.

记 $L_j = L_j(z_{j-1}, z_j)$ 上 $f(z)$ 的辐角改变量为

$$\Delta_{L_j} \arg f(z) := \arg f(z_j) - \arg f(z_{j-1}),$$

则函数 $f(z)$ 在曲线 L 上的辐角改变量为

$$\Delta_L \arg f(z) := \sum_{j=1}^n \Delta_{L_j} \arg f(z).$$

曲线 L 上的辐角函数   任取 $z \in L$,

$$\arg f(z) := \arg f(a) + \Delta_{L_z} \arg f(z), \tag{5.2.4}$$

其中 L_z 表示 L 上起点为 a、终点为 z 的一段曲线.

定义**曲线 $L(a, b)$ 上的复合函数**如下:

$$\ln f(z) := \ln^+ |f(z)| + \mathrm{i} \arg f(z) = \ln^+ |f(z)| + \mathrm{i} \arg f(a) + \mathrm{i} \Delta_{L_z} \arg f(z).$$

与第 2 章类似, 可验证 $\ln f(z)$ 在 L 上解析. 在每一点 $z \in L$ 附近运用复函数求导法则可知 $\ln f(z)$ 的导函数为 $f'(z)/f(z)$. 于是有

$$\begin{aligned}
\int_{L_z} \frac{f'(z)}{f(z)} \mathrm{d}z &= \ln f(z) - \ln f(a) \\
&= \ln |f(z)| - \ln |f(a)| + \mathrm{i} \arg f(z) - \mathrm{i} \arg f(a) \\
&= \ln^+ |f(z)| - \ln^+ |f(a)| + \mathrm{i} \Delta_{L_z} \arg f(z).
\end{aligned}$$

当 L 是闭曲线时, $a = b$, 由 (5.2.4) 式可得

$$\int_L \frac{f'(z)}{f(z)} \mathrm{d}z = \mathrm{i} \arg f(b) - \mathrm{i} \arg f(a) = \mathrm{i} \Delta_L \arg f(z).$$

结合定理 5.2.1 可得如下定理.

定理 5.2.2 (辐角原理)   设 $f(z)$ 是有界区域 D 内的亚纯函数, 边界 $L := \partial D$ 是一条简单闭曲线, $f(z)$ 在 L 上没有零点且解析, 则

$$\frac{1}{2\pi\mathrm{i}} \int_L \frac{f'(z)}{f(z)} \mathrm{d}z = \frac{\Delta_L \arg f(z)}{2\pi} = N - P,$$

其中 N, P 分别表示 $f(z)$ 在 D 内零点和极点的个数.

2. 单连通区域上的复合解析函数 $\ln f(z)$

设单连通区域 $D \subset \mathbb{C}$ 上的解析函数 $f(z)$ 没有零点, 则 $f'(z)/f(z)$ 是 D 上的解析函数. 由 Cauchy 积分定理可知它的积分与路线无关, 因此

$$\int_{z_0}^z \frac{f'(t)}{f(t)} \mathrm{d}t$$

定义了 D 上的一个解析函数. 取定起点 $z_0 \in D$ 的一个特定值 $\ln f(z_0) = \ln |f(z_0)| + \mathrm{i} \arg f(z_0)$, 定义 D 上的单值复合函数

$$\ln f(z) := \int_{z_0}^z \frac{f'(t)}{f(t)} \mathrm{d}t + \ln f(z_0).$$

5.2.4   Rouché 定理及其应用

引理 5.2.4   设 $L := \{z(t): \ t \in [0,1]\}$ $(z(0) = z(1))$ 是复平面 $\mathbb{C}$ 内的一条简单闭曲线, $f(z)$ 在 L 上解析. 若对任意 $t \in [0,1]$, $f(z(t))$ 不取正实数, 也不取零及无穷, 则

$$\Delta_L \arg f(z) = 0.$$

证明   根据辐角原理可设 $\Delta_L \arg f(z) = 2k\pi$. 假定结论不真, 不妨设整数 $k > 0$, 则

$$\arg f(z(1)) = 2k\pi + \arg f(z(0)).$$

由题设知 $f(z(t))$ 是 $[0,1]$ 上的连续函数, 又由 $f(z(t))$ 不取零及无穷可知 $\arg f(z)$ 是在 L 上连续的实函数, 于是根据连续函数的介值定理, 必存在 $t \in [0,1]$ 及整数 $m \in \mathbb{Z}$, 使

$$\arg f(z(t)) = 2m\pi \in [\arg f(z(0)), \arg f(z(1))],$$

这与 $f(z(t))$ 不取正实数的条件矛盾. $\square$

   *引理 5.2.5**   不等式

$$|z+1| < |z| + 1$$

成立的充分必要条件是 z 不是正实数, 也不是零及无穷.

证明 当 $z = 0, \infty$ 时, $|z + 1| = |z| + 1$ 成立. 设 $z = re^{it} \neq 0$. 上述不等式等价于

$$|z + 1|^2 = r^2 + 2r \cos t + 1 < r^2 + 2r + 1 \Leftrightarrow \cos t < 1$$

$$\Leftrightarrow t \neq 2k\pi, \quad k \in \mathbb{Z},$$

即等价于 z 不为正实数. $\qquad\square$

****定理 5.2.3** (Glicksberg (格利克斯伯格) 定理) 设 D 是有界区域, 其边界 $L := \partial D$ 是一条简单闭曲线. 又设 $F(z), G(z)$ 是在 $D \cup L$ 上的亚纯函数. 若它们满足条件:

(1) $F(z), G(z)$ 在 L 上既无零点, 也无极点;

(2) 在 L 上满足

$$|F(z) + G(z)| < |F(z)| + |G(z)|,$$

则有

$$N - P = M - Q,$$

其中 N, P 分别是 $F(z)$ 在 L 内的零点、极点数; M, Q 分别是 $G(z)$ 在 L 内的零点、极点数.

证明 由条件 (2) 知, $\forall z \in L$ 有

$$\left| \frac{F(z)}{G(z)} + 1 \right| < \left| \frac{F(z)}{G(z)} \right| + 1.$$

于是结合引理 5.2.5 说明亚纯函数 $\dfrac{F(z)}{G(z)}$ 在 L 上不可能取正实数, 也不可能取零及无穷. 所以由引理 5.2.4、辐角原理及定理 5.2.1 有

$$0 = \frac{1}{2\pi} \Delta_L \arg \frac{F(z)}{G(z)}$$

$$= \frac{1}{2\pi i} \int_L \left[\left(\frac{F(z)}{G(z)} \right)' \bigg/ \frac{F(z)}{G(z)} \right] \mathrm{d}z$$

$$= \frac{1}{2\pi i} \int_L \left[\frac{F'(z)}{F(z)} - \frac{G'(z)}{G(z)} \right] \mathrm{d}z$$

$$= \frac{1}{2\pi i} \int_L \frac{F'(z)}{F(z)} \mathrm{d}z - \frac{1}{2\pi i} \int_L \frac{G'(z)}{G(z)} \mathrm{d}z$$

$$= (N - P) - (M - Q),$$

因此有 $N - P = M - Q$. □

定理 5.2.4(Rouché (儒歇) 定理)　　设 D 是有界区域, 其边界 $L := \partial D$ 是一条简单闭曲线. 又设 $f(z), g(z)$ 在 $D \cup L$ 上均解析且在 L 上满足 $|g(z)| < |f(z)|$, 则在 D 内, $f(z)$ 与 $f(z) + g(z)$ 的零点个数相同.

证明　　设 $F(z) = -f(z)$, $G(z) = f(z) + g(z)$, 则在 L 上,

$$|F(z) + G(z)| = |g(z)| < |f(z)| = |F(z)| \leqslant |F(z)| + |G(z)|.$$

由于在 L 上 $|g(z)| < |f(z)|$, 可知 $-f(z)$ 与 $f(z) + g(z)$ 在 L 上无零点, 所以 $F(z)$ 与 $G(z)$ 在 L 上无零点, 因此, 由定理 5.2.3 可知在 D 内, $F(z)$ 与 $G(z)$ 的零点个数相同, 即在 D 内, $f(z)$ 与 $f(z) + g(z)$ 的零点个数相同. □

例 5　　求方程 $z^8 - 5z^5 - 2z + 1 = 0$ 在 $|z| < 1$ 内根的个数.

解　　令 $f(z) = -5z^5$, $g(z) = z^8 - 2z + 1$, 则显然它们在 $\mathbb{C}$ 上处处解析, 并且当 $|z| = 1$ 时,

$$|f(z)| = 5 > 4 \geqslant |g(z)|.$$

于是由 Rouché 定理得 $f(z)$ 与 $f(z) + g(z) = z^8 - 5z^5 - 2z + 1$ 在 $|z| < 1$ 内的零点个数相同. 由于 $f(z) = -5z^5$ 在 $|z| < 1$ 内正好有 5 个零点, 因此, 原方程在 $|z| < 1$ 内有 5 个根. □

例 6　　设 $a > \mathrm{e}$, 证明 $\mathrm{e}^z = az^n$ 在 $|z| < 1$ 内有 n 个根.

解　　令 $f(z) = az^n$, $g(z) = -\mathrm{e}^z$, 则显然它们在 $\mathbb{C}$ 上处处解析, 并且当 $|z| = 1$ 时, 设 $z = \mathrm{e}^{it}(t \in \mathbb{R})$, 则有

$$|f(z)| = a > \mathrm{e} \geqslant \mathrm{e}^{\cos t} = |g(z)|.$$

于是由 Rouché 定理得 $f(z)$ 与 $f(z) + g(z) = az^n - \mathrm{e}^z$ 在 $|z| < 1$ 内的零点个数相同. 由于 $f(z) = az^n$ 在 $|z| < 1$ 内正好有 n 个零点, 因此, 原方程在 $|z| < 1$ 内有 n 个根. □

代数基本定理　　n 次方程 $a_n z^n + a_{n-1} z^{n-1} + \cdots + a_1 z + a_0 = 0 \ (a_n \neq 0)$ 在复平面 $\mathbb{C}$ 上正好有 n 个根.

证明　　令 $f(z) = a_n z^n$, $g(z) = a_{n-1} z^{n-1} + \cdots + a_1 z + a_0$. 任意取定

$$R > K := \max \left\{ 1, \frac{|a_{n-1}| + \cdots + |a_1| + |a_0|}{|a_n|} \right\}.$$

由于 $f(z), g(z)$ 在 $\mathbb{C}$ 上解析, 且在圆周 $\{z : |z| = R\}$ 上,

$$\begin{aligned}
|g(z)| &= |a_{n-1} z^{n-1} + \cdots + a_1 z + a_0| \leqslant |a_{n-1} z^{n-1}| + \cdots + |a_1 z| + |a_0| \\
&\leqslant R^{n-1}(|a_{n-1}| + \cdots + |a_1| + |a_0|) < R^n |a_n| = |f(z)|.
\end{aligned}$$

所以根据 Rouché 定理得 $f(z)$ 与 $f(z)+g(z) = a_n z^n + a_{n-1} z^{n-1} + \cdots + a_1 z + a_0 = 0$ 在 $|z| < R$ 内的零点个数相同. 又由于 $f(z) = a_n z^n$ 在 $|z| < R$ 内正好有 n 个零点, 因此, 原方程在 $|z| < R$ 内有 n 个根.

注意这个结论对任意大于 K 的 R 成立, 因此, 在复平面 $\mathbb{C}$ 上原方程正好有 n 个根. $\qquad\square$

例 7　试证方程 $z^8 + 3z^4 + 10 = 0$ 的根全在圆环 $1 < |z| < 2$ 内.

证明　由代数基本定理得方程 $z^8 + 3z^4 + 10 = 0$ 共有 8 个根.

令 $f(z) = z^8, g(z) = 3z^4 + 10$, 则显然它们在 $\mathbb{C}$ 上处处解析, 并且当 $|z| = 2$ 时,

$$|g(z)| \leqslant 3|z|^4 + 10 = 3 \cdot 2^4 + 10 = 58 < 2^8 = |z^8| = |f(z)|,$$

于是根据 Rouché 定理得方程 $z^8 + 3z^4 + 10 = f(z) + g(z) = 0$ 与 $f(z) = 0$ 在 $|z| < 2$ 内有相同的根的个数, 即都为 8 个.

另一方面, 由于当 $|z| \leqslant 1$ 时, $|z^8 + 3z^4 + 10| \geqslant 10 - |z|^8 - 3|z|^4 \geqslant 6 > 0$, 所以方程 $z^8 + 3z^4 + 10 = 0$ 在 $|z| \leqslant 1$ 内无根, 因此方程 $z^8 + 3z^4 + 10 = 0$ 的全部 8 个根都在圆环 $1 < |z| < 2$ 内. $\qquad\square$

<h2 style="text-align:center">习　题　5.2</h2>

1. 计算下列积分 (积分方向均取逆时针方向):

(1) $\displaystyle\int_C \frac{z\mathrm{d}z}{(z-1)(z-2)^2}$, 其中 C 为 $|z-2| = \dfrac{1}{2}$;

(2) $\displaystyle\int_C \frac{\mathrm{e}^z \mathrm{d}z}{z^2(z^2-9)}$, 其中 C 为 $|z| = 1$;

(3) $\displaystyle\int_C \cot \pi z \mathrm{d}z$, 其中 C 为 $|z| = n + \dfrac{1}{2}$ $(n = 1, 2, 3, \cdots)$;

(4) $\displaystyle\int_C z^3 \sin^5 \frac{1}{z}\mathrm{d}z$, 其中 C 为 $|z| = 1$;

(5) $\displaystyle\int_C \frac{z \sin z}{(1-\mathrm{e}^z)^3}\mathrm{d}z$, 其中 C 为 $|z| = 1$;

(6) $\displaystyle\int_C \frac{\mathrm{d}z}{z^4 - z^3}$, 其中 C 为 $|z| = \dfrac{1}{2}$.

2. 若 $f(z)$ 在 $D = \{z : 0 < |z - z_0| < r_0, \theta_1 \leqslant \arg(z - z_0) \leqslant \theta_2\}(0 \leqslant \theta_1 < \theta_2 \leqslant 2\pi)$ 中连续, 而且

$$\lim_{z \to z_0} (z - z_0)f(z) = A,$$

其中 A 有限, 则
$$\lim_{r \to 0} \int_{\Gamma_r} f(z)\mathrm{d}z = \mathrm{i}A(\theta_2 - \theta_1),$$
其中 Γ_r 为位于 D 内的圆周 $z = z_0 + r\mathrm{e}^{\mathrm{i}\theta}$ $(\theta_1 \leqslant \theta \leqslant \theta_2)$ 上的弧, 方向取逆时针方向.

3. 求下列各积分:

(1) $\displaystyle\int_0^{+\infty} \frac{x^2}{(x^2+1)^2}\,\mathrm{d}x$;

(2) $\displaystyle\int_0^{2\pi} \frac{\mathrm{d}x}{1 - 2a\cos x + a^2}$, 其中 $0 < a < 1$;

(3) $\displaystyle\int_0^{\frac{\pi}{2}} \frac{\mathrm{d}x}{a + \sin^2 x}$, 其中 $a > 0$.

4. 应用 Rouché 定理, 求下列方程在 $|z| < 1$ 内根的个数:
(1) $z^8 - 4z^5 + z^2 - 1 = 0$;
(2) $z^4 - 5z + 1 = 0$;
(3) $z = \varphi(z)$, 其中 $\varphi(z)$ 在 $|z| \leqslant 1$ 上解析, 并且 $|\varphi(z)| < 1$;
(4) $\mathrm{e}^z - 4z^n + 1 = 0$.

5. 求下列方程在圆环 $1 < |z| < 2$ 内根的个数:
(1) $z^7 - 5z^4 + z^2 - 2 = 0$;
(2) $2z^5 - z^3 + 3z^2 - z + 8 = 0$;
(3) $z^9 - 2z^6 + z^2 - 8z - 2 = 0$.

第 5 章小结

1. 孤立奇点处的留数

设 z_0 是 $f(z)$ 的孤立奇点, $f(z)$ 在去心圆盘 $D_0 = \{z : 0 < |z - z_0| < R\}(R > r)$ 内解析, 则将积分
$$\frac{1}{2\pi\mathrm{i}} \int_{|z-z_0|=r} f(z)\mathrm{d}z$$
定义为 $f(z)$ 在孤立奇点 z_0 的留数, 记作 $\mathrm{Res}(f, z_0)$, 其中积分是沿着逆时针方向取的. 由 Cauchy 积分定理, 当 $r \in (0, R)$, 留数与 r 的选择无关.

2. 留数定理

设 D 是复平面上的一个有界区域, 其边界 ∂D 是有限条简单闭曲线. 设函数 $f(z)$ 在 D 内除去有限个孤立奇点 $z_1, z_2, \cdots, z_n$ 外, 在闭区域 $\overline{D}$ 上其余的每一点都解析, 则有
$$\frac{1}{2\pi\mathrm{i}} \int_{\partial D} f(z)\mathrm{d}z = \sum_{k=1}^{n} \mathrm{Res}(f, z_k),$$

其中积分是按关于区域 D 的正向取的.

3. 留数的计算

方法 1: 按定义用积分计算.

方法 2: 将 $f(z)$ 在 z_0 点附近展成 Laurent 级数, 找出 -1 次项 $\dfrac{1}{z-z_0}$ 的系数就是 $f(z)$ 在 z_0 点的留数.

方法 3: 设 z_0 为 $f(z)$ 的 n 阶极点, $f(z) = \dfrac{\phi(z)}{(z-z_0)^n}$,

$$\mathrm{Res}(f, z_0) = \frac{\phi^{(n-1)}(z_0)}{(n-1)!}.$$

特别地, 当 z_0 是 $f(z)$ 的二阶极点时, 则有

$$\mathrm{Res}(f, z_0) = \phi'(z_0).$$

当 z_0 是 $f(z)$ 的单极点时,

$$\mathrm{Res}(f, z_0) = \phi(z_0) = \lim_{z \to z_0} [f(z)(z - z_0)].$$

方法 4: 单极点还有一种特殊情况, 即 $f(z) = \dfrac{p(z)}{q(z)}$, 其中 $p(z), q(z)$ 在 z_0 点解析且 $p(z_0) \neq 0, q(z_0) = 0, q'(z_0) \neq 0$, 则

$$\mathrm{Res}(f, z_0) = \frac{p(z_0)}{q'(z_0)}.$$

从理论上看, 方法 1、方法 2 可用于所有孤立奇点; 方法 3 适用于极点; 方法 4 仅适用于特殊形式的单极点.

4. 留数定理的应用

(1) 用留数定理可以求一些较困难的实、复积分.

(2) 用留数定理可以研究亚纯函数的零点、极点个数, 得到下面三个重要的定理.

定理 A　设 $f(z)$ 是有界区域 D 内的亚纯函数, 边界 ∂D 是一些简单闭曲线. $f(z)$ 在 ∂D 上没有零点且解析, 那么

$$\frac{1}{2\pi\mathrm{i}} \int_{\partial D} \frac{f'(z)}{f(z)} \mathrm{d}z = N - P,$$

其中 N, P 分别表示 $f(z)$ 在 D 内零点和极点的个数 (包含重数).

定理 B (辐角原理)　　设 $f(z)$ 是有界区域 D 内的亚纯函数, 边界 $L := \partial D$ 是一条简单闭曲线, $f(z)$ 在 ∂D 上没有零点且解析, 那么

$$\frac{\Delta_L \arg f(z)}{2\pi} = N - P,$$

其中 $\Delta_L \arg f(z)$ 表示 z 沿 L 的正向绕行一周时, 辐角 $\arg f(z)$ 的改变量; N, P 分别表示 $f(z)$ 在 D 内零点和极点的个数.

定理 C (Rouché 定理)　　设 D 是有界区域, 其边界 $L := \partial D$ 是一条简单闭曲线. 又设 $f(z), g(z)$ 在 $D + L$ 上解析, 并且在 L 上满足 $|g(z)| < |f(z)|$, 那么在 D 内, $f(z)$ 与 $f(z) + g(z)$ 的零点个数相同.

第 5 章知识图谱

第5章知识图谱

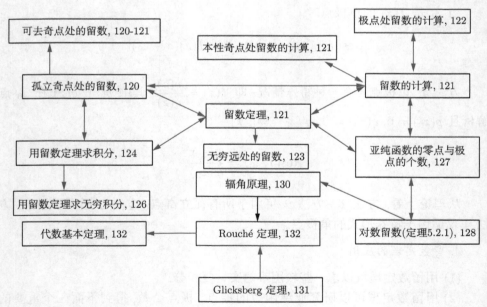

第 5 章复习题

1. 试由

$$\int_0^{+\infty} \mathrm{e}^{-x^2}\,\mathrm{d}x = \frac{\sqrt{\pi}}{2}$$

证明 $\displaystyle\int_0^{+\infty} \cos r^2 \mathrm{d}r = \int_0^{+\infty} \sin r^2 \mathrm{d}r = \frac{\sqrt{2\pi}}{4}$.

2. 设 $\lambda > 1$. 证明方程 $z = \lambda - \mathrm{e}^{-z}$ 在右半平面 $\{z : z \in \mathbb{C}, \operatorname{Re} z > 0\}$ 中恰有一个根, 并且是正实根.

3. 设 D 是在复平面上的一个有界区域, 其边界是一条或有限条简单闭曲线 C. 设函数 $f(z)$ 在 D 内亚纯, 并且它在 C 上每一点也解析. 如果 $\varphi(z)$ 在闭区域 $\overline{D}$ 上解析, 并且 $\alpha_1, \alpha_2, \cdots, \alpha_m$ 及 $\beta_1, \beta_2, \cdots, \beta_n$ 分别是 $f(z)$ 在 D 内的零点和极点, 其阶数分别是 $k_1, k_2, \cdots, k_m$ 及 $l_1, l_2, \cdots,$ l_n, 试证明:

$$\frac{1}{2\pi \mathrm{i}} \int_C \varphi(z) \frac{f'(z)}{f(z)} \mathrm{d}z = \sum_{p=1}^m k_p \varphi(\alpha_p) - \sum_{q=1}^n l_q \varphi(\beta_q).$$

4. 若 $f(z)$ 在 $D = \{z : |z| > R_0, \theta_1 \leqslant \arg z \leqslant \theta_2\}\,(0 \leqslant \theta_1 < \theta_2 \leqslant 2\pi)$ 上连续, 而且

$$\lim_{z \to \infty} z f(z) = A,$$

其中 A 有限, 则

$$\lim_{R \to +\infty} \int_{\Gamma_R} f(z) \mathrm{d}z = \mathrm{i} A(\theta_2 - \theta_1),$$

其中 Γ_R 为位于 D 内的圆弧 $z = R\mathrm{e}^{\mathrm{i}\theta}\,(\theta_1 \leqslant \theta \leqslant \theta_2)$ 上的弧, 方向取逆时针方向.

5. 设 D 是有界区域, 其边界 $L := \partial D$ 是一条简单闭曲线. 又设 $f(z), g(z)$ 在 $D \cup L$ 上解析, 且在 L 上满足 $|f(z) - g(z)| < |g(z)|$. 则在 D 内, $f(z)$ 与 $g(z)$ 的零点个数相同.

6. 设解析函数序列 $\{f_n(z)\}$ 在区域 D 内内闭一致收敛于不恒等于零的函数 $f(z)$. 应用 Rouché 定理证明: 如果 $f_n(z)\,(n = 1, 2, \cdots)$ 在 D 内没有零点, 那么 $f(z)$ 在 D 内也没有零点.

第 5 章测试题

一、填空题 (每小题 3 分, 共 15 分)

1. 设 $f(z)$ 在其孤立奇点 a 处的 Laurent 展式为 $f(z) = \dfrac{a_{-3}}{(z-a)^3} + \dfrac{a_{-2}}{(z-a)^2} + \dfrac{a_{-1}}{z-a} +$ $\displaystyle\sum_{n=0}^{\infty} a_n (z-a)^n$, 则 $\operatorname{Res}(f, a) = ($　　$)$.

2. 设 $f(z) = \dfrac{\varphi(z)}{(z-a)^n}$, 其中 $\varphi(z)$ 在 $U(a)$ 内解析且 $\varphi(a) \neq 0$, 则 $\operatorname{Res}(f, a) = ($　　$)$.

3. 设 a 是函数 $f(z)$ 的一个 n 阶极点, 则 $\operatorname{Res}\left(\dfrac{f'}{f}, a\right) = ($　　$)$.

4. 设函数 $f(z)$ 在简单闭曲线 C 围成的区域 D 内除去有穷个孤立奇点 $z_k\,(k = 1, 2, \cdots, n)$ 外解析, 则 $\displaystyle\int_C f(z) \mathrm{d}z = ($　　$)$.

5. 设 a 是函数 $f(z)$ 的一个 m 阶零点, 则 $\operatorname{Res}\left(\dfrac{f'}{f}, a\right) = ($　　$)$.

二、单项选择题 (每小题 2 分, 共 20 分)

1. 设 $f(z) = \dfrac{\sin z}{z^4}$, 则 $\mathrm{Res}\,(f, 0) = ($ 　　$)$.

A. $\dfrac{1}{120}$　　　B. 0　　　C. $-\dfrac{1}{6}$　　　D. $2\pi \mathrm{i}$

2. 设 $f(z) = \dfrac{\mathrm{e}^z - 1}{z}$, 则 $\mathrm{Res}\,(f, 0) = ($ 　　$)$.

A. $2\pi \mathrm{i}$　　　B. 0　　　C. -1　　　D. 1

3. 设 $f(z) = \dfrac{\tan z}{\left(z - \dfrac{\pi}{4}\right)^3}$, 则 $\mathrm{Res}\,\left(f, \dfrac{\pi}{4}\right) = ($ 　　$)$.

A. $\dfrac{1}{4}$　　　B. $\dfrac{1}{2}$　　　C. $\sqrt{2}$　　　D. 2

4. 设 $f(z) = \dfrac{1}{z(z^2 + 2)}$, 则 $\mathrm{Res}\,(f, 0) = ($ 　　$)$.

A. $\dfrac{1}{2}$　　　B. $-\dfrac{1}{4}$　　　C. 0　　　D. $\pi \mathrm{i}$

5. 设 $f(z) = \sin \dfrac{z}{z - 1}$, 则 $\mathrm{Res}\,(f, 1) = ($ 　　$)$.

A. $\cos 1$　　　B. $\sin 1$　　　C. $-\sin 1$　　　D. $-\cos 1$

6. 积分 $\displaystyle\int_{|z|=1} \mathrm{e}^{\frac{1}{z}} \mathrm{d}z = ($ 　　$)$.

A. $-2\pi \mathrm{i}$　　　B. 0　　　C. $2\pi \mathrm{i}$　　　D. π

7. 积分 $\displaystyle\int_{|z|=n+\frac{1}{2}} \cot z \, \mathrm{d}z = ($ 　　$)$.

A. $(2n+1)\mathrm{i}$　　　B. $2(2n+1)\mathrm{i}$　　　C. $2(2n+1)\pi \mathrm{i}$　　　D. $(2n+1)\pi \mathrm{i}$

8. 方程 $z^6 - 6z^5 - z^3 + 2z - 1 = 0$ 在单位圆 $|z| < 1$ 内零点个数为 ($ 　　$)$.

A. 6　　　B. 1　　　C. 3　　　D. 5

9. 积分 $\displaystyle\int_{|z+1|=3} \dfrac{4z - 1}{(z-1)^2(z+2)} \mathrm{d}z = ($ 　　$)$.

A. 0　　　B. $2\pi \mathrm{i}$　　　C. $-2\pi \mathrm{i}$　　　D. $4\pi \mathrm{i}$

10. 设 $f(z) = \mathrm{e}^{\frac{1}{z}}$, 则 $\mathrm{Res}\,(f, \infty) = ($ 　　$)$.

A. -1　　　B. $-2\pi \mathrm{i}$　　　C. 1　　　D. $2\pi \mathrm{i}$

三、(15 分) 求积分 $I = \displaystyle\int_0^{2\pi} \dfrac{\mathrm{d}\theta}{1 + 2p\cos\theta + p^2}$, $|p| \neq 1$.

四、(10 分) 求函数 $f(z) = \dfrac{1 + z^2}{1 - \cos 2\pi z}$ 关于圆周 $|z| = \pi$ 的对数留数.

五、(10 分) 求方程 $z^7 - 5z + 3 = 0$ 在圆环域 $1 < |z| < 2$ 内零点的个数.

六、(15 分) 求积分 $I = \displaystyle\int_{-\infty}^{\infty} \dfrac{x\,\mathrm{d}x}{(1 + x^2)(x^2 + 2x + 2)}$.

七、(15 分) (留数定理) 若 $f(z)$ 在 $\overline{\mathbb{C}}$ 上只有有限个奇点 $z_1, z_2, \cdots, z_n, \infty$, 则

$$\sum_{k=1}^{n} \text{Res}\,(f, z_k) + \text{Res}\,(f, \infty) = 0.$$

设 $g(z) = -f\left(\dfrac{1}{t}\right) \cdot \dfrac{1}{t^2}$, 试利用 $\text{Res}\,(f, \infty) = \text{Res}\,(g, 0)$ 计算积分 $I = \displaystyle\int_{|z|=2} \dfrac{z^5}{1+z^6}\,\mathrm{d}z.$

第 6 章　保形映射与解析延拓

6.1　单叶解析函数的映射性质

假设 $w = f(z)$ 在区域 D 内解析, 如果对任意不同的两点 $z_1, z_2 \in D$ 有 $f(z_1) \neq f(z_2)$, 那么称 $f(z)$ 为 D 内的单叶解析函数. 例如, 函数 $f(z) = z + \alpha$ 与 $g(z) = \beta z$ (α, β 为常数, $\beta \neq 0$) 都是 z 平面上的单叶解析函数.

6.1.1　单叶解析函数的基本性质

1. 单叶解析函数

引理 6.1.1　设函数 $f(z)$ 在 $z = z_0$ 处解析, $w_0 = f(z_0)$, 且 $f'(z_0) = \cdots = f^{(k-1)}(z_0) = 0$, $f^{(k)}(z_0) \neq 0$ ($k = 1, 2, \cdots$), 则 $f(z) - w_0$ 在 z_0 点有 k 阶零点, 并且对充分小的正数 ε, 存在 $\delta > 0$, 使当 $0 < |w - w_0| < \delta$ 时, $f(z) - w$ 在 $0 < |z - z_0| < \varepsilon$ 内有 k 个一阶零点.

*证明　显然, $f(z) - w_0$ 在 z_0 点有 k 阶零点. 下面应用 Rouché 定理完成证明.

由于解析函数零点的孤立性, 可作圆盘 D: $|z - z_0| < \varepsilon$, 其边界为 l, 使 $f(z)$ 在 $\overline{D}$ 上解析且 $f(z) - w_0$ 与 $f'(z)$ 除 z_0 外, 在 $\overline{D}$ 上无其他零点, 所以

$$\min_{z \in l} |f(z) - w_0| = \delta > 0.$$

取 w, 使 $0 < |w - w_0| < \delta$. 由于

$$f(z) - w = (f(z) - w_0) - (w - w_0),$$

当 $z \in l$ 时,

$$|f(z) - w_0| \geqslant \delta > |w - w_0| > 0,$$

所以由 Rouché 定理可知 $f(z) - w$ 及 $f(z) - w_0$ 在 D 内的零点个数同为 k.

最后只需证明 $f(z) - w$ 在 D 内的每个零点 z^* 都是单零点. 这是因为 $w \neq w_0$, 所以 $z^* \neq z_0$, 而在 D 内, $[f(z) - w]'_{z \neq z_0} = f'(z)|_{z \neq z_0} \neq 0$.　$\square$

定理 6.1.1　假设函数 $f(z)$ 为区域 D 内的单叶解析函数, 那么在 D 内任一点 $f'(z) \neq 0$.

证明 用反证法, 假设存在 $z_0 \in D$, 使得 $f'(z_0) = 0$, 那么由引理 6.1.1 可知对充分小的 $\varepsilon > 0$, 存在 $\delta > 0$, 使在 $f(z_0)$ 的邻域 $0 < |w - f(z_0)| < \delta$ 内的任一点 w, 在 $0 < |z - z_0| < \varepsilon$ 内有 z_1 与 z_2 $(z_1 \neq z_2)$ 满足 $f(z_1) = f(z_2) = w$, 这与 $f(z)$ 在 D 内单叶矛盾. 故在 D 内, $f'(z) \neq 0$. $\qquad \square$

注 定理 6.1.1 的逆不成立. 例如, 函数 $f(z) = e^z$ 在 z 平面上任一点导数不等于零, 但它不是 z 平面上的单叶函数.

由引理 6.1.1, 可推导下面的定理.

定理 6.1.2 假设 $w = f(z)$ 在 $z = z_0$ 处解析且 $f'(z_0) \neq 0$, 那么存在 z_0 的一个邻域, 使 $f(z)$ 在其内为单叶解析.

证明 由于 $f'(z_0) \neq 0$, 根据引理 6.1.1 知对任意给定充分小的正数 ε, 存在 $\delta > 0$, 使对任意的 $w \in \Omega = \{w : 0 < |w - f(z_0)| < \delta\}$, 存在唯一的 $z \in D = \{z : 0 < |z - z_0| < \varepsilon\}$ 满足 $f(z) = w$.

又因为 $f(z)$ 在 z_0 处解析, 当然在 z_0 处连续, 所以对上述 $\delta > 0$, 存在 $\varepsilon_1 \in (0, \varepsilon)$, 使 $f(U^\circ(z_0; \varepsilon_1)) \subset \Omega$, 因此, $f(z)$ 在 $U(z_0; \varepsilon_1)$ 内单叶解析. $\qquad \square$

2. 保域定理

定理 6.1.3 假设函数 $w = f(z)$ 在区域 D 内解析且不恒为常数, 那么 $D_1 = f(D)$ 是一个区域.

*证明 首先证明 D_1 是开集, 即证任一 $w_0 \in D_1$ 是 D_1 的内点. 事实上, 设 $z_0 \in D$ 满足 $f(z_0) = w_0$. 由引理 6.1.1 可知存在 $\delta > 0$, 使得对任意满足 $|w_1 - w_0| < \delta$ 的复数 w_1, 存在 $z_1 \in D$, 使 $f(z_1) = w_1(w_1 \in D_1)$. 因此, 开圆盘 $|w - w_0| < \delta$ 包含在 D_1 内, 即 w_0 为 D_1 的内点.

其次证明在 D_1 内任意不同两点 w_1 与 w_2, 可以用 D_1 内的一条折线连接起来. 由于 $w_1, w_2 \in D_1 = f(D)$, 所以有 $z_1, z_2 \in D$, 使 $f(z_1) = w_1, f(z_2) = w_2$. 又由于 D 是一区域, 所以在 D 内有折线

$$z = z(t), \quad a \leqslant t \leqslant b$$

连接 z_1 及 z_2, 其中 $z_1 = z(a), z_2 = z(b)$. 函数 $w = f(z)$ 把这条折线上的每一条线段映射成 D_1 内的一条光滑曲线, 因此把这折线映射成 D_1 内连接 w_1 与 w_2 的一条分段光滑曲线 Γ,

$$w = f(z(t)), \quad a \leqslant t \leqslant b.$$

由于 Γ 是 D_1 内的一个紧集, 以及前面已证 D_1 内每点为内点, 所以由有限覆盖定理可知 Γ 可被 D_1 内的有限个开圆盘所覆盖, 因此在 D_1 内可以作出连接 w_1 与 w_2 的折线 Γ_1, 故 D_1 为区域. $\qquad \square$

3. 反函数

对于单叶解析函数能得到下面的反函数定理.

定理 6.1.4　设 $w = f(z)$ 在区域 D 内单叶解析, $D_1 = f(D)$, 那么 $w = f(z)$ 有一个在区域 D_1 内单叶解析的反函数 $z = \varphi(w)$, 并且如果 $w_0 \in D_1, z_0 = \varphi(w_0)$, 那么

$$\varphi'(w_0) = \frac{1}{f'(z_0)} .$$

*6.1.2　导数的几何意义

1. 曲线的切线与实轴正向的夹角

设 $w = f(z)$ 是区域 D 内的单叶解析函数, $z_0 \in D, w_0 = f(z_0)$, 则由定理 6.1.1 得 $f'(z_0) \neq 0$. 考虑在 D 内过 z_0 的一条简单光滑曲线 C,

$$z = z(t) = x(t) + \mathrm{i}y(t), \quad a \leqslant t \leqslant b,$$

其中 $x(t), y(t)$ 是 $z(t)$ 的实部和虚部. 设 $z(t_0) = z_0 \ (t_0 \in [a,b])$.

由于

$$\frac{\mathrm{d}z}{\mathrm{d}t} = z'(t) = x'(t) + \mathrm{i}y'(t),$$

曲线 C 在 $z = z_0$ 的切线与实轴正向的夹角是 $z'(t_0)$ 的辐角 $\arg z'(t_0)$. 现证明如下:

作通过曲线 C 上的点 $z_0 = z(t_0)$ 及 $z_1 = z(t_1)$ 的割线, 由于割线的方向与向量 $\dfrac{z_1 - z_0}{t_1 - t_0}$ 的方向一致, 可以看出只要当 t_1 趋近于 t_0 时, 向量 $\dfrac{z_1 - z_0}{t_1 - t_0}$ 与实轴的夹角 $\arg \dfrac{z_1 - z_0}{t_1 - t_0}$ 连续变动趋近于极限, 那么当 z_1 趋近于 z_0 时, 割线确有极限位置, 即为曲线 C 在 $z = z_0$ 的切线的位置. 由光滑曲线的条件, 极限

$$\lim_{t_1 \to t_0} \frac{z_1 - z_0}{t_1 - t_0} = z'(t_0) \neq 0$$

存在, 因此, 下列极限也存在:

$$\lim_{t_1 \to t_0} \arg \frac{z_1 - z_0}{t_1 - t_0} = \arg z'(t_0) , \tag{6.1.1}$$

它就是曲线 C 在 z_0 处切线与实轴的夹角, 其中辐角是连续变动的, 并且极限式两边辐角的数值是相应地适当选取的.

函数 $w = f(z)$ 把简单光滑曲线 C 映射成过 $w_0 = f(z_0)$ 的一条简单曲线 Γ,

$$w = f(z(t)), \quad a \leqslant t \leqslant b.$$

由于 $\dfrac{\mathrm{d}w}{\mathrm{d}t} = f'(z(t))z'(t)$, 可见 Γ 也是一条光滑曲线, 它在 w_0 的切线与实轴的夹角为

$$\arg[f'(z(t_0))z'(t_0)] = \arg f'(z_0) + \arg z'(t_0) . \tag{6.1.2}$$

由 (6.1.1) 式及 (6.1.2) 式, Γ 在 w_0 的切线与实轴的夹角及 C 在 z_0 处切线与实轴的夹角相差为 $\arg f'(z_0)$. **这一数值与曲线 C 的形状及在 z_0 处的切线方向无关.**

2. 两曲线的夹角——导数辐角的几何意义

设在 D 内过 z_0 还有一条简单光滑曲线 $C_1 : z = z_1(t)$, 函数 $w = f(z)$ 把它映射成为一条简单光滑曲线 $\Gamma_1 : w = f(z_1(t))$. 与上面一样, C_1 与 Γ_1 在 z_0 及 w_0 处切线与实轴的夹角分别是 $\arg z_1'(t_0)$ 及

$$\arg[f'(z_1(t_0))z_1'(t_0)] = \arg f'(z_0) + \arg z_1'(t_0). \tag{6.1.3}$$

比较 (6.1.2) 式及 (6.1.3) 式就可以看出在 w_0 处曲线 Γ 到曲线 Γ_1 的夹角恰好等于在 z_0 处曲线 C 到曲线 C_1 的夹角 (图 6.1)

$$\arg[f'(z_1(t_0))z_1'(t_0)] - \arg[f'(z(t_0))z'(t_0)] = \arg z_1'(t_0) - \arg z'(t_0).$$

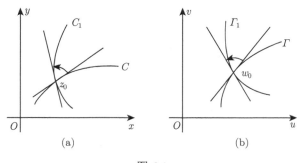

图 6.1

这样, **用单叶解析函数作映射时, 曲线间的夹角的大小及方向保持不变.** 这一性质称为单叶解析函数所作映射的**保角性.**

3. 导数的模的几何意义

以上对单叶解析函数的导数的辐角作了几何解释, 现在再说明它的模的几何意义. 根据以上假设有

$$|f'(z_0)| = \lim_{z \to z_0} \frac{|f(z) - f(z_0)|}{|z - z_0|} .$$

由于 $|f'(z_0)|$ 是 $\dfrac{|f(z) - f(z_0)|}{|z - z_0|}$ 的极限, 它可以近似地表示这种比值. 在 $w = f(z)$ 所作映射下, $|z - z_0|$ 及 $|f(z) - f(z_0)|$ 分别表示 z 平面上向量 $z - z_0$ 及 w 平面上向量 $f(z) - f(z_0)$ 的长度, 其中向量 $z - z_0$ 及 $f(z) - f(z_0)$ 的起点分别取在 z_0 及 $f(z_0)$. 当 $|z - z_0|$ 较小时, $|f'(z_0)|$ 近似地表示通过映射后, $|f(z) - f(z_0)|$ 对 $|z - z_0|$ 的伸缩倍数, 而且这一倍数与向量 $z - z_0$ 的方向无关, 把 $|f'(z_0)|$ 称为 $f(z)$ 在点 z_0 的**伸缩率**.

现在用几何直观来说明单叶解析函数所作映射的意义. 设 $w = f(z)$ 是区域 D 内的解析函数, $z_0 \in D$, $w_0 = f(z_0)$, $f'(z_0) \neq 0$, 那么 $w = f(z)$ 把 z_0 的一个邻域内任一小三角形映射成 w 平面上含 w_0 的一个区域内的曲边三角形. 这两个三角形的对应角相等, 对应边近似成比例, 因此, 这两个三角形近似地是相似形. 此外, $w = f(z)$ 把 z 平面上半径充分小的圆 $|z - z_0| = \rho$ 近似地映射成圆

$$|w - w_0| = |f'(z_0)|\rho, \quad 0 < \rho < +\infty.$$

根据上述理由, 把单叶解析函数所确定的映射称为**保形映射**或**保形映照**, 或称为**共形映射**或**保角映射**. 这种映射把区域双射成区域, 它在每一点保角, 并且在每一点具有一定的伸缩率.

习　题　6.1

1. 如果函数 $f(z)$ 在 $z = 0$ 解析, 并且 $f'(0) \neq 0$. 试用 Taylor 展式证明 $f(z)$ 在 $z = 0$ 的一个邻域内单叶.

2. 如果单叶解析函数 $w = f(z)$ 把 z 平面上可求面积的区域 D 映射成 w 平面上的区域 D^*, 证明 D^* 的面积是

$$|A| = \iint\limits_{D} |f'(z)|^2 \mathrm{d}x\mathrm{d}y.$$

3. 如果函数 $f(z)$ 在可求面积的区域 D 内单叶解析, 并且满足条件 $|f(z)| \leqslant 1$. 证明:

$$\iint\limits_{D} |f'(z)|^2 \mathrm{d}x\mathrm{d}y \leqslant \pi.$$

4. 用保域定理 (定理 6.1.3) 证明最大模原理.

6.2　分式线性函数及其映射性质

6.2.1　分式线性函数

分式线性函数指如下形式的函数:

$$w = \frac{\alpha z + \beta}{\gamma z + \delta}, \tag{6.2.1}$$

其中 α, β, γ 及 δ 是复常数且 $\alpha\delta - \beta\gamma \neq 0$. 这个条件保证 (6.2.1) 式不恒为常数. 当 $\gamma = 0$ 时, 称之为整线性函数. (6.2.1) 的反函数为

$$z = \frac{-\delta w + \beta}{\gamma w - \alpha},\tag{6.2.2}$$

仍为分式线性函数.

将函数 (6.2.1) 的定义域及值域推广到扩充复平面 $\overline{\mathbb{C}}$. 当 $\gamma = 0$ 时, (6.2.1) 式将 $z = \infty$ 映射成 $w = \infty$; 当 $\gamma \neq 0$ 时, (6.2.1) 式把 $z = -\dfrac{\delta}{\gamma}$ 及 $z = \infty$ 分别映射成 $w = \infty$ 及 $w = \dfrac{\alpha}{\gamma}$. 于是 (6.2.1) 式将 $\overline{\mathbb{C}}$ 双射到 $\overline{\mathbb{C}}$.

一般分式线性函数是由下列 4 种简单的函数复合而得到的:

(1) $w = z + \alpha$ (α 为常数) (平移);

(2) $w = e^{i\theta} z$ (θ 为实数) (旋转);

(3) $w = \gamma z$ (γ 为正实数) (相似映射);

(4) $w = \dfrac{1}{z}$ (反演映射).

事实上, 有

$$w = \frac{\alpha z + \beta}{\delta} = \frac{\alpha}{\delta}\left(z + \frac{\beta}{\alpha}\right), \quad \gamma = 0,$$

$$w = \frac{\alpha z + \beta}{\gamma z + \delta} = \frac{\alpha}{\gamma} + \frac{\beta\gamma - \alpha\delta}{\gamma^2\left(z + \dfrac{\delta}{\gamma}\right)}, \quad \gamma \neq 0.$$

从这里可以看出 w 和 z 的关系正好是上面 4 个简单函数的复合结果.

6.2.2 分式线性函数的映射性质

1. 保圆性与保交比性

约定: 把扩充复平面上任一直线看成半径为无穷大的圆.

定理 6.2.1 在扩充复平面上, 分式线性函数把圆映射成圆.

证明 已知分式线性变换所确定的映射是平移、旋转、相似映射以及 $w = \dfrac{1}{z}$ 的函数复合组成的. 前三种映射显然把圆映为圆, 现只需证明 $w = \dfrac{1}{z}$ 也将圆映为圆.

由 1.1.6 小节的例 4 知圆的方程为

$$az\bar{z} + \bar{\beta}z + \beta\bar{z} + d = 0,\tag{6.2.3}$$

其中 $\beta = \dfrac{1}{2}(b + \mathrm{i}c)$ 为复常数, a, b, c, d 为实常数.

函数 $w = \dfrac{1}{z}$ 将 (6.2.3) 式映射为

$$dw\bar{w} + \beta w + \overline{\beta w} + a = 0,$$

它为 w 平面上的圆 ($d = 0$ 时表示直线).　　　　　　　　　　　　　□

定理 6.2.1 表明分式线性函数 $w = f(z)$, 将扩充 z 平面上的圆 C, 映为扩充 w 平面上的圆 C', 圆 C 与圆 C' 分别将扩充 z 平面与扩充 w 平面上分成两个没有公共点的区域 D_1, D_2 与 D_1', D_2', 边界为 C 与 C'. 将区域 D_1 映成 D_1' 与 D_2' 中的一个, 究竟是哪一个, 可以通过 D_1 中任一点的象来决定.

既然分式线性函数将圆映为圆, 就自然地考虑: 若给定两个圆, 是否存在分式线性变换, 将其中一个圆映为另一个圆? 下面的定理回答了这个问题.

定理 6.2.2　对于扩充 z 平面上任意三个不同点 z_1, z_2, z_3, 以及扩充 w 平面上任意三个不同点 w_1, w_2, w_3, 存在唯一的分式线性函数, 把 z_1, z_2, z_3 分别映射成 w_1, w_2, w_3.

证明　首先考虑各点为有限点情况. 设所求分式线性函数是 (6.2.1) 式, 那么由

$$w_k = \frac{\alpha z_k + \beta}{\gamma z_k + \delta}, \quad k = 1, 2, 3$$

算出 $w - w_1, w - w_2, w_3 - w_1, w_3 - w_2$, 并消去 $\alpha, \beta, \gamma, \delta$ 得到

$$\frac{w - w_1}{w - w_2} : \frac{w_3 - w_1}{w_3 - w_2} = \frac{z - z_1}{z - z_2} : \frac{z_3 - z_1}{z_3 - z_2}. \tag{6.2.4}$$

由 (6.2.4) 式可以解出 (6.2.1) 式.

现证明唯一性. 若另一函数

$$w = \frac{\alpha_1 z + \beta_1}{\gamma_1 z + \delta_1}$$

满足条件, 那么类似仍然得到 (6.2.4) 式, 所以该变换是唯一的.

其次, 如果已给点除了 $w_3 = \infty$, 其他都是有限点, 那么所求函数有下列形式:

$$w = \frac{\alpha z + \beta}{\gamma(z - z_3)},$$

并且

$$w_k = \frac{\alpha z_k + \beta}{\gamma(z_k - z_3)}, \quad k = 1, 2.$$

算出 $w - w_1$ 及 $w - w_2$, 并消去 α, β, γ 得到

$$\frac{w - w_1}{w - w_2} = \frac{z - z_1}{z - z_2} : \frac{z_3 - z_1}{z_3 - z_2}. \tag{6.2.5}$$

由此可解出所求函数为分式线性形式. 唯一性同上可知, 其中 (6.2.5) 式可以看成在 (6.2.4) 式中令 $w_3 \to \infty$ 所得.

对于 z_1, z_2, z_3 及 w_1, w_2, w_3 中其他点为 ∞ 的情况可以类似证明. □

在 (6.2.4) 式左边及右边分别称为 w_1, w_2, w, w_3 及 z_1, z_2, z, z_3 的 **交比**, 记为 (w_1, w_2, w, w_3) 及 (z_1, z_2, z, z_3), 由此得到下面的推论.

推论 6.2.1 在分式线性函数所确定的映射中, 交比不变, 即

$$(w_1, w_2, w, w_3) = (z_1, z_2, z, z_3).$$

*2. 保对称性

给定一条直线 l, 如果 z_1 与 z_2 满足 z_1 与 z_2 的连线与 l 垂直, 并且到 l 的距离相等, 则称 z_1 与 z_2 是关于 l 的 **对称点**. 将这个定义扩充到半径为有限的圆上, 定义如下: 设给定圆 C: $|z - z_0| = R$ $(0 < R < \infty)$, 如果两个有限点 z_1 与 z_2 在起点为 z_0 的同一射线上, 并且

$$|z_1 - z_0| \cdot |z_2 - z_0| = R^2,$$

那么就说 z_1 及 z_2 为 **关于圆 C 的对称点**. 于是圆 C 上的点是它本身关于圆 C 的对称点, z_0 和 ∞ 是关于圆 C 的对称点.

定理 6.2.3 如果分式线性函数将 z 平面上的圆 C 映为 w 平面上的圆 C', 那么它把关于 C 的对称点 z_1 与 z_2, 映射成关于圆 C' 的对称点 w_1 与 w_2.

为证明定理 6.2.3, 需要下面的引理.

引理 6.2.1 不同两点 z_1 及 z_2 是关于圆 C 的对称点的充分必要条件是通过 z_1 与 z_2 的任何圆与圆 C 直交.

证明 如果 C 是直线或者 C 是半径为有限的圆, 而且 z_1 及 z_2 之中有一个是无穷远点, 那么这一引理中的结论是明显的.

现在考虑圆 C 为 $|z - z_0| = R$ $(0 < R < \infty)$, 并且 z_1 及 z_2 都是有限点的情形.

首先, 证明条件的必要性. 设 z_1 与 z_2 关于圆 C 对称, 那么通过 z_1 及 z_2 的直线 (半径无穷大的圆) 显然与圆 C 直交. 作过 z_1 及 z_2 的任何 (半径为有限的) 圆 Γ (图 6.2). 过 z_0 作圆 Γ 的切线且设其切点是 z', 于是 $|z' - z_0|^2 = |z_1 - z_0| \cdot |z_2 - z_0| = R^2$, 所以 $|z' - z_0| = R$. 这表明了 $z' \in C$, 而上述 Γ 的切线恰好是圆 C 的半径. 因此, Γ 与 C 直交.

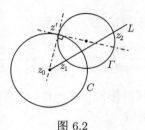

图 6.2

其次, 证明条件的充分性. 过 z_1 及 z_2 作一 (半径为有限的) 圆 Γ, 与圆 C 交于一点 z'. 由于圆 Γ 与圆 C 直交, 圆 Γ 在 z' 的切线通过圆 C 的中心 z_0. 显然, z_1 及 z_2 在这切线的同一侧. 又过 z_1 及 z_2 作一直线 L. 由于 L 与 C 直交, 它通过圆心 z_0. 于是 z_1 及 z_2 在通过 z_0 的一条射线上, 则有

$$|z_1 - z_0| \cdot |z_2 - z_0| = |z' - z_0|^2 = R^2.$$

这样就证明了 z_1 与 z_2 是关于圆 C 的对称点.

最后一种情况, C 是直线, z_1, z_2 为有限点且关于 C 对称.

必要性 由于 z_1, z_2 关于 C 对称, 所以过 z_1, z_2 的直线 l 显然与 C 直交.

现设 Γ 为过 z_1, z_2 的任一圆周, 由于直线段 $\overline{z_1 z_2}$ 被直线 C 垂直平分, 所以 Γ 的圆心 O 在 C 上, 从而 Γ 与 C 直交.

充分性 因为过 z_1 与 z_2 的直线 l 和 C 直交, 所以 l 垂直于 C. 又设 Γ 为过 z_1 及 z_2 的圆, 由条件 Γ 与 C 直交, 所以 Γ 的圆心 O 在 C 上. 又由 l 垂直于 C, 设垂足为 o_1, 则易知 $|o_1 z_1| = |o_1 z_2|$, 所以 z_1, z_2 关于圆 C 对称. □

定理 6.2.3 的证明 设 $w_1 = f(z_1)$, $w_2 = f(z_2)$, 过 w_1 及 w_2 的任何圆是由过 z_1 及 z_2 的圆映射得来的. 根据引理 6.2.1, 过 z_1 及 z_2 的任何圆 C_1 与圆 C 直交, 所以由分式线性函数的保形性, 过 w_1 及 w_2 的任何圆 C_1' 与圆 C' 直交, 其中 $C_1' = f(C_1)$, $C' = f(C)$, $z_1, z_2 \in C_1$, $w_1, w_2 \in C_1'$. 因此, 由引理 6.2.1, w_1 及 w_2 关于圆 C' 为对称. □

3. 两个特殊的分式线性函数

下面介绍两个常用的分式线性函数.

例 1 试求把上半平面 $\operatorname{Im} z > 0$ 保形映射成圆盘 $|w| < 1$ 的分式线性函数.

解 首先, 这种函数应当一方面把 $\operatorname{Im} z > 0$ 内某一点 z_0 映射成 $w = 0$, 另一方面把 $\operatorname{Im} z = 0$ 映射成 $|w| = 1$. 由于分式线性函数把关于实轴 $\operatorname{Im} z = 0$ 的对称点映射成关于圆 $|w| = 1$ 的对称点, 所以所求函数不仅把 z_0 映射成 $w = 0$, 而且把 $\overline{z_0}$ 映射成 $w = \infty$. 因此, 这种函数的形状为

$$w = \lambda \frac{z - z_0}{z - \overline{z_0}},$$

其中 λ 为一复常数.

其次, 如果 z 是实数, 那么 $z = \bar{z}$,

$$|w| = |\lambda| \left| \frac{z - z_0}{z - \overline{z_0}} \right| = |\lambda| = 1.$$

于是 $\lambda = \mathrm{e}^{\mathrm{i}\theta}$, 其中 θ 为一实常数. 因此, 所求的函数应为

$$w = \mathrm{e}^{\mathrm{i}\theta} \frac{z - z_0}{z - \overline{z_0}}, \tag{6.2.6}$$

其中 $\operatorname{Im} z_0 > 0$, $\theta \in \mathbb{R}$.

最后, 证明 (6.2.6) 式确是所求的函数. 事实上, 由 (6.2.6) 式可知当 z 是实数时, $|w| = 1$. 当 $z = z_0$ 在上半平面时有 $w = 0$, 可知 (6.2.6) 式把上半平面映射成圆盘 $|w| < 1$. $\qquad\square$

根据分式线性函数的性质, 圆盘 $|w| < 1$ 的直径是由通过 z_0 及 $\overline{z_0}$ 的圆在上半平面的弧映射成的; 以 $w = 0$ 为圆心的圆是由 z_0 及 $\overline{z_0}$ 为对称点的圆映射成的; 而 $w = 0$ 是由 $z = z_0$ 映射成的, 如图 6.3 所示.

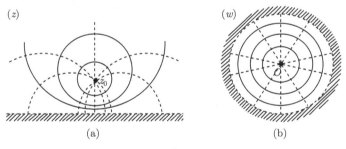

图 6.3

例 2 试求把圆盘 $|z| < 1$ 保形映射成圆盘 $|w| < 1$ 的分式线性函数.

解 首先, 这种函数应当把 $|z| < 1$ 内一点 z_0 映射成 $w = 0$, 并且把 $|z| = 1$ 映射成 $|w| = 1$. 不难看出, 与 z_0 关于圆 $|z| = 1$ 对称的点是 $\dfrac{1}{\overline{z_0}}$, 与上面一样, 还应当把 $\dfrac{1}{\overline{z_0}}$ 映射成 $w = \infty$. 于是它的形状为

$$w = \lambda \frac{z - z_0}{z - \dfrac{1}{\overline{z_0}}} = \lambda_1 \frac{z - z_0}{1 - \overline{z_0} z},$$

其中 λ, λ_1 为复常数.

其次, 当 $|z| = 1$ 时,

$$1 - \overline{z_0} z = z\bar{z} - \overline{z_0} z = z(\bar{z} - \overline{z_0}),$$

于是

$$|w| = |\lambda_1| \left| \frac{z - z_0}{1 - \overline{z_0}z} \right| = |\lambda_1| = 1.$$

因此, $\lambda_1 = e^{i\theta}$, 其中 θ 是一实常数, 而所求的函数应为

$$w = e^{i\theta} \frac{z - z_0}{1 - \overline{z_0}z}, \tag{6.2.7}$$

其中 $|z_0| < 1$, $\theta \in \mathbb{R}$.

　　最后证明 (6.2.7) 式确是所求的函数. 事实上, 由 (6.2.7) 式可知: 当 $|z| = 1$ 时, $|w| = 1$. 当 $z = z_0$ 在 $|z| < 1$ 内时, $w = 0$, 所以 (6.2.7) 式将 $|z| < 1$ 映为 $|w| < 1$.　　　　　□

　　根据分式线性函数的性质, 圆盘 $|w| < 1$ 内的直径是由通过 z_0 及 $\dfrac{1}{\overline{z_0}}$ 的圆在 $|z| < 1$ 内的弧映射成的; 以 $w = 0$ 为圆心的圆是由 z_0 及 $\dfrac{1}{\overline{z_0}}$ 为对称点的圆映射成的; 而 $w = 0$ 是由 $z = z_0$ 映射成的, 如图 6.4 所示.

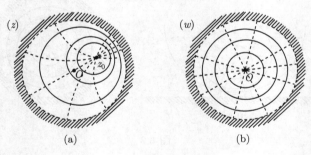

图 6.4

习　题　6.2

　　1. 试把圆盘 $|z| < 1$ 保形映射成半平面 $\text{Im } w > 0$, 并将点 -1, 1, i 映射成 (1) $\infty, 0, 1$; (2) -1, 0, 1.

　　2. 试把 $\text{Im } z > 0$ 保形映射成 $\text{Im } w > 0$, 并且把点 (1) $-1, 0, 1$; (2) $\infty, 0, 1$ 映射成 $0, 1, \infty$.

　　3. 试作一单叶解析函数 $w = f(z)$, 把 $|z| < 1$ 映射成 $|w| < 1$, 并且 $f(0) = \dfrac{1}{2}$, $f'(0) > 0$.

　　4. 应用 Schwarz 引理, 证明: 把 $|z| < 1$ 变成 $|w| < 1$, 且把 α 变为 0 的保形双射一定有下列形状

$$w = e^{i\theta} \frac{z - \alpha}{1 - \overline{\alpha}z},$$

这里 θ 是实常数, α 是满足 $|\alpha| < 1$ 的复常数.

5. 若 $w = f(z)$ 是将 $|z| < 1$ 共形映射成 $|w| < 1$ 的单叶解析函数, 且

$$f(0) = 0, \quad \arg f'(0) = 0.$$

试证这个变换只能是恒等变换, 即 $f(z) \equiv z$.

6. 设在 $|z| < 1$ 内, $f(z)$ 解析, 并且 $|f(z)| < 1$; 但 $f(\alpha) = 0$, 其中 $|\alpha| < 1$. 证明: 在 $|z| < 1$ 内, 有不等式

$$|f(z)| \leqslant \left| \frac{z - \alpha}{1 - \overline{\alpha}z} \right|.$$

7. 设 $w = f(z)$ 在单位圆盘 $|z| < 1$ 内解析, 且将 $|z| < 1$ 保形映射为 $|w| < 1$. 若 $f(0) = 0, f'(0) > 0$, 试证: $f(z) \equiv z$.

*6.3 Riemann 定理及边界对应

在 6.2 节中的例 1, 函数 $w(z) = e^{i\theta} \dfrac{z - z_0}{z - \overline{z_0}}$ (z_0 为上半平面内一点), 将上半平面 $\mathrm{Im}\, z > 0$ 保形双射成单位圆盘 $|w| < 1$. 自然引起一个问题: 任给 z 平面的一个单连通区域 D, 是否可以找到一个单叶函数把 D 保形双射成 $|w| < 1$?

但这个问题不一定有解. 例如, D 为 z 平面, 其边界只含一点, 即无穷远点, 则找不到一个单叶函数 $w = f(z)$, 将 z 平面保形双射成 $|w| < 1$. 事实上假定有这样的函数 $w = f(z)$, 那么它是一个有界的整函数, 从而 $f(z)$ 为常数. 与假设相矛盾.

当 D 为 z 平面时, 只有一个边界点无穷远点. 但是如果排除只有一个边界点的情况, 则结论就大不一样了.

Riemann 提出下列 Riemann 映射定理.

定理 6.3.1 设 $D \subset \overline{\mathbb{C}}$ 是一个边界多于一点的单连通区域, z_0 是 D 内的一个有穷点, 则唯一地存在一个 D 到单位圆的共形映射 $w = f(z)$, 满足 $f(z_0) = 0, f'(z_0) > 0$.

Riemann 映射定理在复变函数的几何理论及其应用上都有极其重要的意义. 首先, 在理论上, 它是近代复变函数的几何理论的起点. 其次, 在较复杂的区域内, 要研究保形映射下的某些不变量, 只需在较简单的区域内进行研究, 然后应用保形映射就可得到所需要的结果. 不但如此, 在保形映射下, 有些物理量的若干性质保持不变. 因此, 保形映射对于解决某些理论问题以及实际问题起着重要的作用.

Riemann 映射定理指出了可把某些区域保形映射成单位圆盘. 至于怎样作出具体区域的映射函数, 还有待于研究.

Riemann 映射定理指出某些区域可以用单叶函数保形双射成圆盘, 但不能说明已给区域与圆盘的边界之间是否有对应关系. 对于以闭简单连续曲线, 即闭 Jordan 曲线为边界的区域, 有如下一个比较简单的结果.

定理 6.3.2　设 z 平面上单连通区域 D 的边界是一条闭简单连续曲线 C, 设单叶函数 $w = f(z)$ 把 D 映射成单位圆盘 $|w| < 1$, 那么该函数的定义可以唯一地推广到 C 上, 使所得函数把闭区域 $\overline{D} = D \cup C$ 连续双射成 $|w| \leqslant 1$.

在保形映射的实际应用中, 下述边界对应原理很重要, 它在一定意义下是定理 6.3.2 的逆定理.

定理 6.3.3　设在 z 平面上的有界单连通区域 D 以闭简单分段光滑曲线 C 为边界. 设函数 $w = f(z)$ 满足

(1) 在 D 及 C 所组成的闭区域 $\overline{D}$ 上解析;

(2) 把 C 双射成 $C_1 : |w| = 1$,

那么 $w = f(z)$ 把 D 保形双射成 $D_1 : |w| < 1$, 并使 C 关于 D 的正向, 对应于 C_1 关于 D_1 的正向.

习　题　6.3

1. 试证明定理 6.3.1 中的唯一性.

*6.4　解　析　延　拓

6.4.1　解析延拓的概念

定义 6.4.1　设函数 $f(z)$ 在区域 D 内解析, 考虑一个包含 D 的更大的区域 G, 如果存在函数 $F(z)$ 在 G 内解析, 并且在 D 内 $F(z) = f(z)$, 则称 $f(z)$ **可解析延拓到** G 内, 并称 $F(z)$ 为 $f(z)$ 在区域 G 内的**解析延拓**.

这种解析延拓如果存在, 必是唯一的. 因为如果有两个函数 $F_1(z)$ 和 $F_2(z)$ 在包含区域 D 的更大区域 G 内解析, 并且在 D 内 $F_1(z) = f(z)$, $F_2(z) = f(z)$, 由解析函数的唯一性可知在 G 内必有 $F_1(z) \equiv F_2(z)$. 这表明了解析延拓的唯一性.

6.4.2　解析函数元素

设 D 是一区域, $f(z)$ 是 D 内的单值解析函数, 则称 $\{D, f(z)\}$ 为一个**解析函数元素**. 两个解析函数元素恒等当且仅当它们的区域重合, 其上对应的函数恒等.

定理 6.4.1　设 $\{D_1, f_1(z)\}$, $\{D_2, f_2(z)\}$ 为两个解析函数元素, 满足

(1) 区域 D_1 与 D_2 有一公共区域 G (图 6.5);

(2) $f_1(z) = f_2(z)$ $(z \in G)$,

则 $\{D_1 + D_2, F(z)\}$ 也是一个解析函数元素, 其中

$$F(z) = \begin{cases} f_1(z), & z \in D_1, \\ f_2(z), & z \in D_2. \end{cases}$$

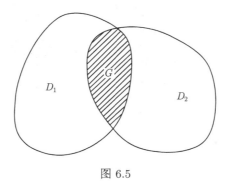

图 6.5

由于对 $D_1 + D_2$ 内的任一点 z, 从 $F(z)$ 的定义可知, $F(z)$ 在 z 点是解析的, 从而在 $D_1 + D_2$ 上解析. 由此可知定理 6.4.1 的证明是显然的.

满足定理 6.4.1 的两个解析函数元素 $\{D_1, f_1(z)\}$ 与 $\{D_2, f_2(z)\}$ 称为**互为直接解析延拓**.

例 1 设

$$f_1(z) = \sum_{n=0}^{\infty} (-1)^n (z-1)^n, \quad z \in D_1: |z-1| < 1,$$

$$f_2(z) = \frac{1}{\mathrm{i}} \sum_{n=0}^{\infty} (-1)^n \left(\frac{z-\mathrm{i}}{\mathrm{i}}\right)^n, \quad z \in D_2: |z-\mathrm{i}| < 1.$$

由于 $\{D_1, f_1(z)\}$ 及 $\{D_2, f_2(z)\}$ 均为解析函数元素, D_1 与 D_2 有公共区域 G (图 6.6), 由等比级数求和可知当 $z \in G = D_1 \cap D_2$ 时, $f_1(z) = f_2(z) = \dfrac{1}{z}$, 因而 $\{D_1, f_1(z)\}$ 及 $\{D_2, f_2(z)\}$ 是互为直接解析延拓.

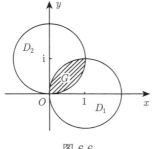

图 6.6

6.4.3　对称原理

设实变数实值函数 $f(x)$ 在 $x = x_0$ 有 Taylor 展式

$$f(x) = \sum_{n=0}^{+\infty} a_n(x - x_0)^n,$$

它的收敛半径是 $r > 0$, 其中 a_n 为实数. 那么 $f(x)$ 可推广成在圆盘 $|z - x_0| < r$ 内解析的函数

$$f(z) = \sum_{n=0}^{+\infty} a_n(z - x_0)^n.$$

显然

$$\overline{f(z)} = \overline{\sum_{n=0}^{+\infty} a_n(z - x_0)^n} = \sum_{n=0}^{+\infty} a_n(\overline{z} - x_0)^n = f(\overline{z}),$$

亦即

$$f(z) = \overline{f(\overline{z})}.$$

这就是说, $f(z)$ 在对称点 z 及 $\overline{z}$ 处的值相互共轭. 这一事实启发我们引出对称原理.

定理 6.4.2　设 D 及 D^* 是 z 平面上的两个区域, 分别在上、下半平面, 并且关于 x 轴对称, 它们的边界都含 x 轴的一条线段 S. 设 $\{D, f(z)\}$ 为解析函数元素, f 在 $D + S$ 上连续且在 S 上取实数值, 则存在函数 $F(z)$ 在 $G = D + D^* + S$ 内解析, 在 D 内 $F(z) = f(z)$, 在 D^* 内 $F(z) = \overline{f(\overline{z})}$(即 $\{D^*, \overline{f(\overline{z})}\}$ 是 $\{D, f(z)\}$ 透过弧 S 的直接解析延拓).

证明　定义

$$F(z) = \begin{cases} f(z), & z \in D + S, \\ \overline{f(\overline{z})}, & z \in D^*. \end{cases}$$

首先证明 $F(z)$ 在 D^* 内解析. 设 $z_0, z \in D^*$, 那么 $\overline{z_0}, \overline{z} \in D$, 则有

$$\frac{F(z) - F(z_0)}{z - z_0} = \frac{\overline{f(\overline{z})} - \overline{f(\overline{z_0})}}{z - z_0} = \overline{\left[\frac{f(\overline{z}) - f(\overline{z_0})}{\overline{z} - \overline{z_0}} \right]}.$$

因此

$$\lim_{z \to z_0} \frac{F(z) - F(z_0)}{z - z_0} = \lim_{z \to z_0} \overline{\left[\frac{f(\overline{z}) - f(\overline{z_0})}{\overline{z} - \overline{z_0}} \right]} = \overline{f'(\overline{z_0})},$$

亦即存在着 $F'(z_0) = \overline{f'(\overline{z_0})}$. 由于 z_0 是 D^* 内任一点, 这样就证明了 $F(z)$ 在 D^* 内解析.

其次证明 $F(z)$ 在 D^* 内及 S 上所有点组成的集上连续. 设 $z \in D^*, a \in S$, 则有 $\overline{z} \in D$. 用 x, y 及 $u(x, y), v(x, y)$ 分别表示 z 及 $f(z)$ 的实部和虚部. 由于 $f(z)$ 在 S 上取实数值,

$$\lim_{\overline{z} \to a} f(\overline{z}) = \lim_{\overline{z} \to a} [u(x, -y) + \mathrm{i}v(x, -y)] = f(a) = u(a, 0).$$

因此, 存在着

$$\begin{aligned}
\lim_{\substack{z \to a \\ z \in D^*}} F(z) &= \lim_{\substack{\overline{z} \to a \\ \overline{z} \in D}} \overline{f(\overline{z})} = \lim_{\overline{z} \to a} [u(x, -y) - \mathrm{i}v(x, -y)] \\
&= u(a, 0) = f(a).
\end{aligned}$$

不难看出当 z 沿实轴趋近于 a 时, 上式仍然成立.

可见 $F(z)$ 在 $D^* + S$ 中连续. 由已知及 $F(z)$ 的定义可知 $F(z)$ 在 $D + S$ 中连续, 在 D 中解析.

最后应用 Morera 定理来证明 $F(z)$ 在区域 G 内解析. 由引理 3.2.1 表明 "任一条简单闭曲线 C" 可换成 "任一多边形的周界 C". 在 G 内任作一三角形的周界 C. 如果 C 完全在 D 内或 D^* 内, 那么由于 $F(z)$ 在 D 内及 D^* 内解析, 则有

$$\int_C F(z)\mathrm{d}z = 0. \tag{6.4.1}$$

如果 C 与实轴相交于两点 A_1 及 B_1, 那么作与实轴平行, 距离为 $\varepsilon > 0$, 并且关于实轴对称的两直线, 使其与 C 分别相交于 A, B 及 A^*, B^*(图 6.7), 显然有

$$\int_{ABEA} F(z)\mathrm{d}z = \int_{A^*A_2E^*B^*A^*} F(z)\mathrm{d}z = 0. \tag{6.4.2}$$

在 (6.4.2) 式中令 ε 趋近于 0 就得到

$$\int_{A_1B_1EA_1} f(z)\mathrm{d}z = \int_{A_1A_2E^*B_1A_1} f(z)\mathrm{d}z = 0. \tag{6.4.3}$$

把 (6.4.3) 式中两个积分相加就得到 (6.4.1) 式. 如果 C 在 D 内其他位置仍可得到同样的结果. 这样就证明了 $F(z)$ 在 G 内解析. □

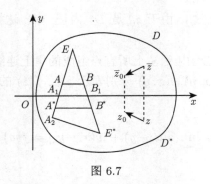

图 6.7

由 $f(z)$ 在 D^* 中的定义可以看出, 函数 $w = f(z)$ 把在 z 平面上关于实轴为对称的区域 D 及 D^* 映射成在 w 平面上关于实轴为对称的集 $D_1 = f(D)$ 及 $D_1^* = f(D^*)$, 并且 $S_1 = f(S)$ 是 w 平面的实轴上的一个集.

由于经过平移和旋转后, 关于某直线的对称点变成关于变换而得的另一直线的对称点, 所以可以将上述对称原理推广到更一般的情况.

6.4.4　用幂级数延拓、奇点

已知函数 $f(z)$ 在 z_1 点解析的充分必要条件是 $f(z)$ 在这点的某邻域内有幂级数. 现设 $f(z)$ 在收敛圆盘 $D_1 : |z - z_1| < r_1 \ (0 < r_1 < +\infty)$ 内,

$$f_1(z) = \sum_{n=0}^{+\infty} \alpha_n^{(1)} (z - z_1)^n, \tag{6.4.4}$$

则 $\{D_1, f_1(z)\}$ 为它的一个解析函数元素.

在 D_1 内任取一点 $z_2 \ (\neq z_1)$, $f_1(z)$ 在收敛圆盘 $D_2 : |z - z_2| < r_2$ 有幂级数

$$f_2(z) = \sum_{n=0}^{+\infty} \alpha_n^{(2)} (z - z_2)^n, \quad \alpha_n^{(2)} = \frac{f_1^{(n)}(z_2)}{n!}, \quad n = 1, 2, \cdots. \tag{6.4.5}$$

由于在边界 ∂D_1 上至少有一个 $f(z)$ 的奇点 (图 6.8), 所以

$$r_1 - |z_2 - z_1| \leqslant r_2 \leqslant r_1 + |z_2 - z_1|.$$

如果 $r_2 = r_1 - |z_2 - z_1|$, 则表示 $f_1(z)$ 不能沿 $\overrightarrow{z_1 z_2}$ 方向延拓到 D_1 外. 这表明 D_1 与 D_2 相切, 切点为 $f_1(z)$ 的奇点.

如果 $r_1 - |z_2 - z_1| < r_2 \leqslant r_1 + |z_2 - z_1|$, 则表示 $f_1(z)$ 能沿 $\overrightarrow{z_1 z_2}$ 方向延拓到 D_1 外. 显然在 $D_1 \cap D_2$ 内 $f_1(z) = f_2(z)$, 这样 $\{D_2, f_2(z)\}$ 是 $\{D_1, f_1(z)\}$ 的解析延拓.

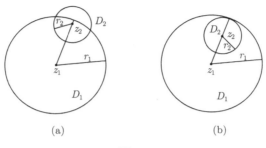

图 6.8

如果沿着 D_1 内任一点方向都不能被延拓到 D_1 之外, 则表明 ∂D_1 上每一点都是 $f_1(z)$ 的奇点. 称 ∂D_1 为**自然边界**. 例如, $f(z) = \sum\limits_{n=0}^{\infty} z^{2^n}$ 的收敛半径为 1, $|z| = 1$ 为 $f(z)$ 的自然边界.

例 2 已经知道

$$f_1(z) = \sum_{n=0}^{+\infty} z^n = \frac{1}{1-z}$$

在圆盘 $D_1 : |z| < 1$ 内解析. 现求 $f_1(z)$ 在 $z = -\dfrac{\mathrm{i}}{2}$ 的幂级数展式. 由于

$$f_1\left(-\frac{\mathrm{i}}{2}\right) = \frac{2}{5}(2 - \mathrm{i}),$$

$$f_1^{(n)}\left(-\frac{\mathrm{i}}{2}\right) = n!\left(\frac{2}{5}\right)^{n+1} (2 - \mathrm{i})^{n+1}, \quad n = 1, 2, \cdots,$$

所求展式为

$$f_2(z) = \sum_{n=0}^{+\infty} \left[\frac{2}{5}(2 - \mathrm{i})\right]^{n+1} \left(z + \frac{\mathrm{i}}{2}\right)^n,$$

可求出收敛半径为 $\dfrac{\sqrt{5}}{2}$ (图 6.9). 因此, $f_2(z)$ 在圆盘 $D_2 : \left|z + \dfrac{\mathrm{i}}{2}\right| < \dfrac{\sqrt{5}}{2}$ 内解析. D_2 有一部分在 D_1 外, 而在 D_1 与 D_2 的公共部分内, $f_1(z) = f_2(z)$. 因此, $f_1(z)$ 可从过 $-\dfrac{\mathrm{i}}{2}$ 的半径方向上延拓到 D_1 外.

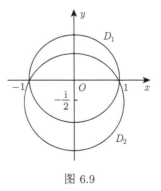

图 6.9

习 题 6.4

1. 设函数 $w = f(z)$ 在 $\text{Im}\, z \geqslant 0$ 上单叶解析, 并且把 $\text{Im}\, z > 0$ 保形映射成 $|w| < 1$, 把 $\text{Im}\, z = 0$ 映射成 $|w| = 1$. 证明 $f(z)$ 一定是分式线性函数.

2. 级数

$$-\frac{1}{z} - 1 - z - z^2 - \cdots$$

在 $0 < |z| < 1$ 内所定义的函数是否可以解析延拓成级数 $\dfrac{1}{z^2} + \dfrac{1}{z^3} + \dfrac{1}{z^4} + \cdots$ 在 $|z| > 1$ 内所定义的函数?

3. 已给函数

$$f_1(z) = 1 + 2z + (2z)^2 + (2z)^3 + \cdots,$$

证明函数

$$f_2(z) = \frac{1}{1-z} + \frac{z}{(1-z)^2} + \frac{z^2}{(1-z)^3} + \cdots$$

是函数 $f_1(z)$ 的解析延拓.

第 6 章小结

本章主要叙述如下几个主要内容:

1. 单叶解析函数的性质

(1) 单叶 $\Rightarrow f'(z) \neq 0$.

(2) $f'(z) \neq 0$ 不能推出单叶, 但若 $f'(z_0) \neq 0$, 则存在 z_0 的一个邻域, 使 $f(z)$ 在该邻域内单叶.

(3) 保域性.

(4) 存在反函数, 反函数单叶且 $\left. \left(f^{-1}(w) \right)' \right|_{w=w_0} = \dfrac{1}{f'(z_0)}$.

(5) 保角映射 (共形).

2. 分式线性函数

$$w = \frac{\alpha z + \beta}{\gamma z + \delta}, \quad \alpha\delta - \beta\gamma \neq 0.$$

(1) 反函数仍为分式线性函数.

(2) 它由平移、旋转、相似、反演 $w = \dfrac{1}{z}$ 复合而成.

(3) 保圆性、保交比性、保对称性.

(4) z_1, z_2, z_3 与 w_1, w_2, w_3 之间存在唯一的分式线性函数将 $z_j \to w_j (j = 1, 2, 3)$.

(5) $w = \lambda \dfrac{z - z_0}{z - \overline{z_0}} (|\lambda| = 1,\ \mathrm{Im}\, z_0 > 0)$ 将上半平面保形映成单位圆.

$$w = \mathrm{e}^{\mathrm{i}\theta} \frac{z - z_0}{1 - \overline{z_0} z}\ (\theta\ \text{为实数},\ |z_0| < 1)\ \text{将}\ |z| < 1\ \text{保形映成}\ |w| < 1.$$

3. Riemann 映射定理及边界对应

4. 解析延拓

(1) 解析函数元素 $\{D_1, f_1(z)\}$, $\{D_2, f_2(z)\}$ 互为延拓的条件为 $D_1 \cap D_2 = G$ 为区域且在 G 内 $f_1(z) = f_2(z)$.

(2) 对称原理.

(3) 幂级数延拓方法.

第 6 章知识图谱

第6章知识图谱

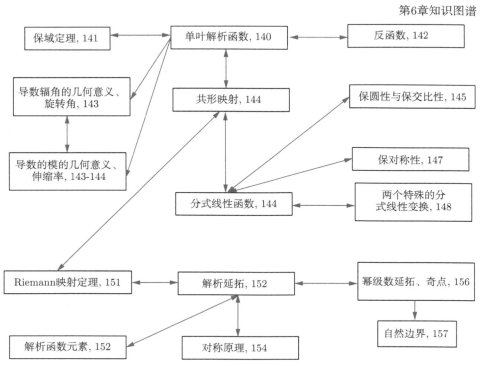

第 6 章复习题

1. 已给函数

$$f_1(z) = z - \frac{1}{2}z^2 + \frac{1}{3}z^3 - \cdots,$$

证明函数

$$f_2(z) = \ln 2 - \frac{1-z}{2} - \frac{(1-z)^2}{2 \cdot 2^2} - \frac{(1-z)^3}{3 \cdot 2^3} - \cdots$$

是函数 $f_1(z)$ 的解析延拓.

2. 试证如果整函数

$$f(z) = \sum_{n=0}^{\infty} a_n z^n$$

在实轴上取实数, 则系数 a_n 是实的.

3. 证明

$$f(z) = \sum_{n=1}^{\infty} z^{n!} = z + z^2 + z^6 + \cdots + z^{n!} + \cdots$$

以单位圆 $|z| = 1$ 为自然边界.

4. 若 $f(z)$ 在 $|z| < 1$ 内解析且 $|f(z)| < 1$, 试证明:

$$|f'(z)| \leqslant \frac{1}{1 - |z|^2}, \quad |z| < 1.$$

第 6 章测试题

一、填空题 (每小题 3 分, 共 15 分)

1. 区域 D 内的解析函数 $f(z)$ 称为单叶解析函数, 若 $f(z)$ 满足 (　　).

2. 映射 $w = \ln(z - 1)$ 在点 $z_0 = -1 + 2\mathrm{i}$ 的伸缩率为 (　　).

3. 映射 $w = \mathrm{e}^z$ 将带形区域 $0 < \mathrm{Im}\, z < \frac{3}{4}\pi$ 映射为 (　　).

4. 映射 $w = z^3$ 将扇形区域 $0 < \arg z < \frac{\pi}{3}$ 且 $|z| < 2$ 映射为 (　　).

5. 区域 D 内的解析函数 $f(z)$ 满足 $f'(z) \neq 0$, 则 $f(z)$ 在区域 D 具有 (　　).

二、单项选择题 (每小题 2 分, 共 20 分)

1. 下列叙述正确的是 (　　).

A. $w = f(z)$ 在区域 D 内单叶解析的充要条件为 $f'(z) \neq 0$, $\forall z \in D$

B. $w = f(z)$ 在区域 D 内单叶且保角的, 则称 $w = f(z)$ 在 D 内是保形的

C. $w = f(z)$ 在区域 D 内解析, 则 $U = f(D)$ 是一个区域

D. $w = f(z)$ 在区域 D 内解析, 则 $|f(z)|$ 称为 $w = f(z)$ 在 $z \in D$ 的伸缩率

2. 变换 $w = \ln(z - 1)$ 将 z 平面上放大的区域为 (　　).

A. 圆周 $|z - 1| = 1$ 的内部

B. 圆周 $|z - 1| = 1$ 的外部

C. 椭圆 $|z - 1| + |z + 1| = 3$ 的内部

D. 椭圆 $|z - 1| + |z + 1| = 3$ 的外部

3. 实数 a, b, c, d 满足 $ad - bc \neq 0$, 则下列变换不能由分式线性变换 $w = \dfrac{az + b}{cz + d}$ 得到的

是 (　　).

　　A. $w = \dfrac{1}{z}$　　　B. $w = \gamma z, \gamma \in \mathbb{C}$　　　C. $w = \beta, \beta$ 为常数　　　D. $w = z + \alpha, \alpha$ 为常数

4. $2 + \mathrm{i}$ 关于单位圆 $|z| = 1$ 的对称点为 (　　).

　　A. $\dfrac{2}{5} + \dfrac{\mathrm{i}}{5}$　　　　B. $\dfrac{2}{5} - \dfrac{\mathrm{i}}{5}$　　　　C. $\dfrac{1}{5} + \dfrac{2\mathrm{i}}{5}$　　　　D. $\dfrac{1}{5} - \dfrac{2\mathrm{i}}{5}$

5. $1 + \mathrm{i}$ 关于圆 $|z + \mathrm{i}| = 2$ 的对称点为 (　　).

　　A. $\dfrac{4}{5} - \dfrac{13\mathrm{i}}{5}$　　　　B. $\dfrac{4}{5} + \dfrac{13\mathrm{i}}{5}$　　　　C. $\dfrac{4}{5} - \dfrac{3\mathrm{i}}{5}$　　　　D. $\dfrac{4}{5} + \dfrac{3\mathrm{i}}{5}$

6. 把点 $z_1 = 0, z_2 = 1, z_3 = \infty$ 变成 $w_1 = -1, w_2 = -\mathrm{i}, w_3 = 1$ 的分式线性变换为 (　　).

　　A. $w = \dfrac{z - \mathrm{i}}{z + \mathrm{i}}$　　　B. $w = \dfrac{z + \mathrm{i}}{z - \mathrm{i}}$　　　C. $w = \dfrac{\mathrm{i} - z}{\mathrm{i} + z}$　　　D. $w = \dfrac{\mathrm{i} + z}{\mathrm{i} - z}$

7. 变换 $w = 2z$ 把带形区域 $0 < \operatorname{Im} z < \dfrac{\pi}{2}$ 映射成 (　　).

　　A. 带形区域 $0 < \operatorname{Im} w < \dfrac{\pi}{2}$

　　B. 带形区域 $0 < \operatorname{Im} w < \pi$

　　C. 角形区域 $0 < \arg w < \dfrac{\pi}{2}$

　　D. 角形区域 $0 < \arg w < \pi$

8. 变换 $w = \mathrm{e}^z$ 把带形区域 $0 < \operatorname{Im} z < \pi$ 映射成 (　　).

　　A. 下半平面 $\operatorname{Im} w < 0$　　　　　B. 左半平面 $\operatorname{Re} w < 0$

　　C. 右半平面 $\operatorname{Re} w > 0$　　　　　D. 上半平面 $\operatorname{Im} w > 0$

9. 单位圆面 $|z| < 1$ 到单位圆面 $|w| < 1$ 的分式线性变换 $w = f(z)$ 且满足 $f(0) = 0, \arg f'(0) = -\dfrac{\pi}{2}$, 则 $w = f(z) = ($　　$)$.

　　A. $-\mathrm{i}z$　　　B. $\mathrm{i}z$　　　C. z　　　D. $-z$

10. 下列叙述错误的是 (　　).

　　A. 分式线性变换 $w = \dfrac{az + b}{cz + d}$, $ad - bc \neq 0$ 将扩充复平面一一映射成扩充复平面

　　B. 分式线性变换 $w = \dfrac{az + b}{cz + d}$, $ad - bc \neq 0$ 把圆映射成圆

　　C. 分式线性变换 $w = \dfrac{az + b}{cz + d}$, $ad - bc \neq 0$ 的逆映射还是分式线性变换

　　D. 分式线性变换 $w = \dfrac{az + b}{cz + d}$, $ad - bc \neq 0$ 保持交比不变

三、(15 分) 求一线性变换将单位圆盘 $|z| < 1$ 保形映射成圆盘 $|w - 1| < 1$, 且分别将 $z_1 = -1, z_2 = -\mathrm{i}, z_3 = \mathrm{i}$ 变为 $w_1 = 0, w_2 = 2, w_3 = 1 + \mathrm{i}$.

四、(10 分) 求一线性变换将上半平面 $\mathrm{Im}\, z > 0$ 保形变换成单位圆盘 $|w| < 1$, 且满足 $w(a) = 0$, $\mathrm{Im}\, a > 0$.

五、(10 分) 设 $w = f(z)$ 是 z 平面上单位圆盘 $|z| < 1$ 到 w 平面上单位圆盘 $|w| < 1$ 的保形映射. 若 $f(0) = 0, f'(z) \neq 0$, 则 $f(z) = \mathrm{e}^{\mathrm{i}\theta} z$, 其中 θ 为实数.

六、(15 分) 求把 z 平面上的角形域 $D : -\dfrac{\pi}{6} < \arg z < \dfrac{\pi}{6}$ 保形映射成 w 平面上单位圆盘 $|w| < 1$.

七、(15 分) 求线性变换 $w = f(z)$ 将 $|z| < 1$ 保形变换成 $|w| < 1$, 且满足 $f\left(\dfrac{1}{2}\right) = \dfrac{\mathrm{i}}{2}, f'\left(\dfrac{1}{2}\right) > 0$.

部分习题答案或提示

第 1 章 复数及复平面

习题 1.1

1. 实部为 $\dfrac{|z|^2 - 1}{|z+1|^2}$, 虚部为 $\dfrac{2\operatorname{Im}z}{|z+1|^2}$.

2. $|z| = 1, \operatorname{Arg}z = -\dfrac{\pi}{6} + 2k\pi, k \in \mathbb{Z}, \arg z = -\dfrac{\pi}{6}$.

3. $z_1 = \cos\dfrac{\pi}{4} + \mathrm{i}\sin\dfrac{\pi}{4}, z_2 = 2\left[\cos\left(-\dfrac{\pi}{6}\right) + \mathrm{i}\sin\left(-\dfrac{\pi}{6}\right)\right]$,

   $\dfrac{z_1}{z_2} = \dfrac{1}{2}\left[\cos\left(\dfrac{5\pi}{12}\right) + \mathrm{i}\sin\left(\dfrac{5\pi}{12}\right)\right]$.

4. $z = \pm\sqrt[4]{2}\cos\dfrac{\pi}{8} + \mathrm{i}\left(\mp\sqrt[4]{2}\sin\dfrac{\pi}{8} + 1\right)$.

6. 利用恒等式 (1.1.2).

7. 利用 $|z|^2 = z \cdot \overline{z} = 1$ 及 $|\overline{z}| = |z|$.

8. 利用第 6 题的结论, 求出 $|z_1 - z_2|$.

9. 利用恒等式 (1.1.2) 将题设方程化为 $|z - z_0| = R, z_0 = \dfrac{z_1 - \lambda^2 z_2}{1 - \lambda^2}, R = \dfrac{\lambda|z_1 - z_2|}{|1 - \lambda^2|}$.

当 $\lambda = 1$ 时, 它的轨迹是线段 $\overline{z_1 z_2}$ 的垂直平分线.

习题 1.2

1. (1) 是一水平直线, 不是区域;

   (2) 以 i 为圆心、$\sqrt{5}$ 为半径的闭圆盘, 不是区域;

   (3) 直线 $x = \dfrac{1}{2}$ 的右边, 是单连通区域;

   (4) 以 $(2,0), (-2,0)$ 为焦点、$\dfrac{5}{2}$ 为半长轴的椭圆, 不是区域;

   (5) 以 $\left(-\dfrac{5}{3}, 0\right)$ 为圆心、$\dfrac{4}{3}$ 为半径的圆周及其外部, 不是区域;

   (6) 一条射线, 始点为 $(0, 1)$, 与正实轴夹角为 $\dfrac{\pi}{4}$;

(7) 位于单位圆内, 直线 $x = \dfrac{1}{2}$ 的左边部分, 并包含直线 $x = \dfrac{1}{2}$ 在开单位圆内的线段, 不是区域;

(8) 在左半平面内, 闭圆盘 $(x+1)^2 + y^2 \leqslant 2$ 的外部, 是单连通区域;

(9) 该点集为四边形内部, 其 4 条边所在直线分别为 $x = 2, y = 0, x = 3$ 及射线 $\arg(z - 1) = \dfrac{\pi}{4}$, 是单连通区域;

(10) 在开圆盘 $x^2 + y^2 < 4$ 内, 辐角在 $\left(0, \dfrac{\pi}{4}\right)$ 内的扇形, 是单连通区域.

2.　(1) 直线 $y = x$; (2) 双曲线 $xy = 1$; (3) 双曲线 $xy = 1$ 在第一象限的一支;

(4) 椭圆 $\left(\dfrac{x}{a}\right)^2 + \left(\dfrac{y}{b}\right)^2 = 1$.

第 1 章复习题

1. 计算 $(|x| + |y|)^2$.

2. 利用行列式的性质.

3. (1) 利用 $|z|^2 = z \cdot \overline{z}$; (2) 利用 (1); (3) 计算 $\left|\dfrac{z - z_0}{1 - \overline{z_0} z}\right|$ 及 $y = \dfrac{a + x}{b + x}$ 为增函数.

4. 利用已知方程求出 z.

5. 利用三角变换恒等式.

6. 利用 (u, v, h) 与 z 的关系式.

7. 利用习题 1.1 第 6(2) 题, 证明两组对边相等, 两对角线相等.

8. 利用 1.1 节的例 5.

第 1 章测试题

一、1. $x = -\dfrac{4}{11}, y = \dfrac{5}{11}$;

2. $(x_1 x_2 - y_1 y_2) + \mathrm{i}(x_1 y_2 + x_2 y_1)$;

3. $\dfrac{a}{a^2 + b^2} + \mathrm{i}\dfrac{-b}{a^2 + b^2}$;

4. $az\overline{z} + \overline{\beta}z + \beta\overline{z} + d = 0$, 其中 $\beta = \dfrac{b + \mathrm{i}c}{2}$;

5. z 平面上过原点的直线 $y = \dfrac{3}{4}x$.

二、1. B;　2. C;　3. A;　4. D;　5. A;　6. A;　7. C;　8. B;　9. D;　10. A.

三、提示: (1) 利用复数的代数形式, 给出 a, b 与复数 z 的实部和虚部的关系;
(2) 利用 (1) 的提示及 $z \in \mathbb{R}$ 的充要条件 $z = \overline{z}$.

四、$n = 4k, k \in \mathbb{N}$.

五、$\pm(4 + 3\mathrm{i})$.

六、提示: 若 $z \in \mathbb{R}$, 则 $|z + 1| = z + 1 = |z| + 1$.

七、提示: 利用复数的实部、虚部和辐角主值的关系, 得到: 上半平面内圆周 $x^2 + (y - \sqrt{3})^2 = 4$ 的外部, 是个无界单连通区域.

第 2 章 复 变 函 数

习题 2.1

1. (1) 以原点为中心、9 为半径的下半圆周;   (2) 射线 $\arg w = \dfrac{2\pi}{3}$;

(3) 射线 $\arg w = \dfrac{\pi}{3}$.

2. 令 $z = x + \mathrm{i}y, x = ky$, 极限不存在.

习题 2.2

2. (1) 在 $z = 0$ 可微, 其他点不可微, 处处不解析;

(2) 在抛物线 $2x = 3y^2$ 上的点可微, 其他点不可微, 处处不解析;

(3) 当 $a = 3$ 时, 处处解析; 当 $a \neq 3$ 时, 在直线 $x = 0$ 上可微, 其他点不可微, 处处不解析;

(4) 当 $a = 1$ 时, 处处解析; 当 $a \neq 1$ 时, 在直线 $x = 0$ 上可微, 其他点不可微, 处处不解析.

4. 利用 C-R 条件.

5. 利用导数定义.

6. 利用复合函数求导法则.

习题 2.3

1. (1) $f(z) = \mathrm{e}^{2a}[\cos(2b + 3) + \mathrm{i}\sin(2b + 3)]$;

(2) $f(z) = \mathrm{e}^{a^2 - b^2}[\cos(2ab) + \mathrm{i}\sin(2ab)]$;

(3) $f(z) = \mathrm{e}^{-\frac{a}{a^2 + b^2}}\left[\cos\left(\dfrac{-b}{a^2 + b^2}\right) + \mathrm{i}\sin\left(\dfrac{-b}{a^2 + b^2}\right)\right]$.

3. (1) $z = \ln^+ \sqrt{2} + \mathrm{i}\left(\dfrac{\pi}{4} + 2k\pi\right) (k \in \mathbb{Z})$;

(2) $z = -1$;   (3) $z = \dfrac{\pi}{4} + k\pi (k \in \mathbb{Z})$.

4. $5^{\mathrm{i}} = \mathrm{e}^{-2k\pi}[\cos(\ln^+ 5) + \mathrm{i}\sin(\ln^+ 5)] (k \in \mathbb{Z})$,

$(1 + \mathrm{i})^{\sqrt{3}} = 2^{\frac{\sqrt{3}}{2}}\left[\cos\left(\sqrt{3}\left(\dfrac{\pi}{4} + 2k\pi\right)\right) + \mathrm{i}\sin\left(\sqrt{3}\left(\dfrac{\pi}{4} + 2k\pi\right)\right)\right] (k \in \mathbb{Z})$.

5. $\mathrm{i}\pi$.

6. $\dfrac{\sqrt{3}}{2} - \dfrac{\mathrm{i}}{2}$.

第 2 章复习题

2. 讨论不一致连续时, 取 $z_n = 1 - \dfrac{1}{n}, z_n' = 1 - \dfrac{1}{2n}$.

3. $f(z)$ 在 $\overline{U}$ 上连续.

4. 反之不真. 例如, $f(z) = \dfrac{|z|}{z}$.

5. (1) 不存在;   (2) 1;   (3) $-\dfrac{1}{2}$;   (4) $\dfrac{1}{2}$.

6. 利用二元实函数可微的定义证明 $u(x, y)$ 不可微.

7. 利用 C-R 条件证明 $u_x = u_y = v_x = v_y = 0$.

8. 令 $F(z) = \mathrm{e}^{-z} f(z)$, 证明 $F(z) \equiv 1$.

9. $\mathrm{e}^{-3\pi}$.

10. $z^{\frac{1}{2}}$ 在上半虚轴右沿: $\mathrm{e}^{\frac{1}{2}\ln^{+}|z| + \mathrm{i}\left(\frac{\pi}{4}\right)}$;

$z^{\frac{1}{2}}$ 在上半虚轴左沿: $\mathrm{e}^{\frac{1}{2}\ln^{+}|z| + \mathrm{i}\left(-\frac{3\pi}{4}\right)}$;

$(\mathrm{Ln}z)_0$ 在上半虚轴右沿: $\ln^{+}|z| + \mathrm{i}\dfrac{\pi}{2}$;

$(\mathrm{Ln}\,z)_0$ 在上半虚轴左沿: $\ln^{+}|z| - \mathrm{i}\dfrac{3\pi}{2}$.

第 2 章测试题

一、1. $x^2 - y^2$, $2xy$;

2. w 平面上的圆周 $|w - \mathrm{i}| = 1$;

3. $w_k = \sqrt[n]{r}\,\mathrm{e}^{\mathrm{i}\frac{\theta + 2k\pi}{n}}$, $k = 0, 1, \cdots, n - 1$;

4. 0;   5. e^3, $4 - 2\pi$.

二、1. C; 2. A; 3. D; 4. C; 5. B; 6. D; 7. B; 8. A; 9. C; 10. C.

三、 提示: 函数连续和一致连续的定义. 证明不一致连续时, 取点与 $g(z)$ 的不连续点 $z = \pm\mathrm{i}$ 有关.

四、提示: 函数可微与解析的充分条件. 仅在点 $(0, 0)$ 和 $\left(\dfrac{3}{4}, \dfrac{3}{4}\right)$ 两点处可微, 在 z 平面上处处不解析.

五、提示: 开方与幂函数. $w_2(1 - \mathrm{i}) = -\sqrt[10]{2}\,\mathrm{e}^{\frac{3}{20}\pi\mathrm{i}}$.

六、提示: 解析的充分条件. (1) $m = 1, n = l = -3$;   (2) $f(z) = \mathrm{i}z^3$, $f'(z) = 3\mathrm{i}z^2$.

七、提示: 解析的充分条件. 若 $a = 1$, 则 $f(z)$ 在整个 z 平面上处处可微, 处处解析, 且 $f'(z) = z^2 + z$. 若 $a \neq 1$, 则 $f(z)$ 仅在直线 $x = 0$ 上可微, 在整个 z 平面上不解析.

第 3 章   复变函数的积分

习题 3.1

1. (1) $2 + \mathrm{i}$;   (2) $2 + 2\mathrm{i}$.

2. $2\pi i$.

3. (1) 注意 $\left|\dfrac{1}{z}\right| \leqslant 1$; (2) $|x^2 + iy^2| \leqslant 1$.

4. (1) π; (2) 4; (3) $-\pi + 2i$.

习题 3.2

1. (1) $-\dfrac{32}{3}$; (2) $-\dfrac{3}{4e} + 3 - \dfrac{3e}{4} + i\left(-\dfrac{3\sqrt{3}}{4e} + \dfrac{3e\sqrt{3}}{4}\right)$.

2. (1) 0; (2) 0; (3) $\dfrac{2\pi i}{3}$; (4) 0.

习题 3.3

1. (1) $\dfrac{3\pi i}{2}$; (2) $-i\pi \cos 1$; (3) 0; (4) $4\pi i$.

2. 作辅助函数 $F(z) = e^{(1-i)f(z)} = e^{u+v+i(v-u)}$.

3. 利用 Cauchy 不等式.

4. 考虑一个适当的闭曲线的积分.

5. 利用 Cauchy 积分公式.

6. $f(z) = iz^2 - 3iz$.

7. 对 $\dfrac{1}{p(z)}$, 利用 Liouville 定理.

8. 利用第 7 题和 Liouville 定理.

第 3 章复习题

1. 利用 $z = e^{i\theta}$ 计算出 $\dfrac{dz}{z+3}$ 的虚部.

2. 剪开 $(-\infty, 0]$, 用 $z = e^{i\theta}$, 化积分为关于 θ 的积分. (1) $2(i-1)$; (2) $-2-2i$.

3. 利用连续性.

4. 在积分中应用 $M(f; r)$.

5. 化 $\dfrac{f(z)}{(z-z_1)(z-z_2)} = \dfrac{1}{z_1 - z_2}\left[\dfrac{f(z)}{z-z_1} - \dfrac{f(z)}{z-z_2}\right]$.

6. 利用 $\dfrac{1}{f(z)}$ 在复平面上解析.

7. 作辅助函数 $F(z) = e^{-(c-di)(u+iv)}$.

8. 取 $\ln f'(z)$ 的解析分支.

9. 考虑 $\dfrac{1}{2\pi i}\displaystyle\int_{K_r} f(z)dz - A$.

10. 分两种情况: (1) $z \in L$ 的内区域; (2) $z \in D$, 再分别加入一个大圆的积分.

第 3 章测试题

一、1. $\dfrac{i}{2}(e^{\pi} - e^{-\pi})$;   2. $4\pi i$;   3. $F(z) = e^{-if(z)}$;

4. $\dfrac{n!}{2\pi i} \displaystyle\int_{\partial D} \dfrac{f(\xi)}{(\xi - z)^{n+1}} d\xi$;   5. 0.

二、1. B;   2. D;   3. A;   4. C;   5. A;   6. A;   7. D;   8. B;   9. D;   10. C.

三、提示: Cauchy 积分公式, 参数法计算复积分和复数相等的概念.

四、提示: Cauchy 积分公式的高阶导数公式.

五、提示: 调和函数的定义和解析函数判别的充分条件.

六、提示: 参数法求复积分及广义积分的计算. $I = -1$.

七、提示: 分 $0 < r < 1$, $1 < r < 2$ 和 $r > 2$ 三种情形讨论, 再利用 Cauchy 积分公式计算. $-\dfrac{3\pi i}{4}$, $-\dfrac{\pi i}{12}$ 和 0.

第 4 章   级   数

习题 4.1

1. 使用数学分析中的相同方法.

2. (1) 条件收敛;   (2) 发散;   (3) 发散.

3. (1) 2;   (2) $\dfrac{1}{4}$;   (3) e;   (4) 1.

5. 使用一致收敛的定义.

6. 取一个适当的点列, 导出在 $|z| < 1$ 内不一致收敛.

习题 4.2

1. (1) $\displaystyle\sum_{n=0}^{\infty} (-1)^n \dfrac{z^{2n+1}}{(2n+1)(2n+1)!}$, $|z| < \infty$;

(2) 提示: $\dfrac{1}{(1-z)^2} = \left(\dfrac{1}{1-z}\right)'$, $1 + 2z + 3z^2 + \cdots$, $|z| < 1$;

(3) 提示: $(\ln(1-z))' = \dfrac{-1}{1-z}$, $-z - \dfrac{z^2}{2} - \dfrac{z^3}{3} - \cdots - \dfrac{z^n}{n} - \cdots$ ($|z| < 1$).

2. (1) 当 $m \neq n$ 时有 $\min\{m, n\}$ 阶零点, 当 $m = n$ 时, 零点阶数 $\geqslant m$;

(2) $m + n$ 阶零点;

(3) 当 $m > n$ 时有 $m - n$ 阶零点, 当 $m < n$ 时有 $n - m$ 阶极点, 当 $m = n$ 时, z_0 是可去奇点.

3. 不矛盾.

4. (1) 存在, z^2;   (2) 不存在.

5. 提示: $|f(z)|^2 = f(z) \cdot \overline{f(z)}$ 及三角函数的正交性.

习题 4.3

1. (1) $-\dfrac{1}{z^2} - 2\sum\limits_{n=0}^{\infty} z^{n-1}\ (0 < |z| < 1),\ \dfrac{1}{z^2} + 2\sum\limits_{n=0}^{\infty} \dfrac{1}{z^{n+3}}\ (1 < |z| < +\infty)$;

  (2) $2\sum\limits_{n=1}^{\infty} (-1)^n \dfrac{1}{z^{2n}} - \sum\limits_{n=0}^{\infty} \dfrac{z^n}{2^{n+1}}$.

2. (1) $z = k\pi - \dfrac{\pi}{4}\ (k = 0, \pm 1, \cdots)$ 各为一阶极点, ∞ 为非孤立奇点;

  (2) $z = -\mathrm{i}$ 为本性奇点, $z = \infty$ 为可去奇点;

  (3) $z = 2k\pi\mathrm{i}(k = 0, \pm 1, \cdots)$ 各为一阶极点, $z = \infty$ 为非孤立奇点.

3. 对 $f(z) + g(z)$, 当 $m \neq n$ 时有 $\max\{m, n\}$ 阶极点, 当 $m = n$ 时, 极点阶数 $\leqslant m$; 对 $f(z)g(z)$ 有 $m + n$ 阶极点; 对 $\dfrac{f(z)}{g(z)}$, 当 $m > n$ 时有 $m - n$ 阶极点, 当 $m < n$ 时有 $n - m$ 阶零点, 当 $m = n$ 时, 为可去奇点.

4. $z = \dfrac{1}{k\pi}\ (k = \pm 1, \pm 2, \cdots), \infty$ 都是本性奇点, $z = 0$ 为非孤立奇点.

5. 利用 $f(z) = (z - z_0)^m \varphi(z)$.

习题 4.4

1. 考虑 $\dfrac{1}{f(z)}$.

2. 考虑 $\dfrac{1}{f(z)}$.

3. 考虑 $F(z) := \dfrac{1}{M} f(Rz)$.

第 4 章复习题

1. 利用 Cauchy 积分公式.

2. 运用 Liouville 定理.

3. 运用唯一性定理.

4. 考虑辅助函数 $\varphi(z) = (z - z_0)f(z)$ 有更大的收敛半径.

5. 考虑存在充分大 R, 使 $\{z \mid |z| > R\}$ 内除 ∞ 外解析.

6. 排除 $z = a$ 为可去奇点和极点情况.

7. 利用 e^z 的展开式.

8. 证明当 $k > n$ 时 $f(z)$ 的展开式的系数 $a_k = 0$.

9. 利用 Cauchy 不等式, 并考虑 $f(z)$.

10. 考虑 $g(z) = \mathrm{e}^{f(z)}$ 的最大模.

11. 考虑 $F(z) = \dfrac{f(z)}{g(z)}$, 并用最大模原理.

第 4 章测试题

一、1. a_0, b_0; 2. 0; 3. $-\sum\limits_{n=0}^{\infty} \dfrac{z^n}{2^{n+1}}$, $|z| < 2$;

4. $\sum\limits_{n=0}^{\infty} (-1)^n \dfrac{z^{2n}}{(2n+1)!}$, $0 < |z| < \infty$; 5. 一阶极点.

二、1. B; 2. A; 3. C; 4. D; 5. A; 6. C; 7. B; 8. A; 9. A; 10. D.

三、提示: 利用 Schwarz 引理.

四、提示: $z_n = (-1)^{n-1} \dfrac{1}{i + n - 1} = (-1)^{n-1} \dfrac{(n-1) - i}{(n-1)^2 + 1}$, 再讨论实部和虚部作为通项

构成级数的敛散性.

五、提示: 间接法求 Laurent 展式.

(1) $f(z) = -\dfrac{1}{z} - \sum\limits_{n=0}^{\infty} z^n$; (2) $f(z) = \sum\limits_{n=2}^{\infty} (-1)^n (z-1)^{-n}$.

六、提示: 幂级数收敛半径的求法及 $\sum\limits_{n=0}^{\infty} z^n = \dfrac{1}{1-z}$, $|z| < 1$.

七、提示: 正项级数敛散性判别法及一致收敛的定义.

第 5 章 留 数

习题 5.1

1. (1) $-\dfrac{i}{4}, \dfrac{i}{4}$; (2) -1; (3) 1.

2. 利用 $f(z)$ 在 ∞ 点的 Laurent 展式及 ∞ 点留数的定义.

3. (1) $\mathrm{Res}(f, 0) = 2$, $\mathrm{Res}(f, 1) = 3$, $\mathrm{Res}(f, \infty) = -5$;

(2) $\mathrm{Res}(f, 0) = 1$, $\mathrm{Res}(f, \pm i) = -1$, $\mathrm{Res}(f, \infty) = 1$;

(3) $\mathrm{Res}(f, 0) = 1$, $\mathrm{Res}(f, \infty) = -1$;

(4) $\mathrm{Res}(f, z_1) = \dfrac{(-1)^{m-1} z_2}{(z_1 - z_2)^m}$, $\mathrm{Res}(f, z_2) = \dfrac{z_2}{(z_2 - z_1)^m}$, $\mathrm{Res}(f, \infty) = 0$;

(5) $\mathrm{Res}(f, 0) = 1$, $\mathrm{Res}(f, \infty) = -1$;

(6) $\mathrm{Res}(f, 3) = \dfrac{1}{3^5 - 1}$, $\mathrm{Res}(f, z_j) = \dfrac{1}{5 z_j^4 (z_j - 3)}$, $z_j = \cos \dfrac{2j\pi}{5} + i \sin \dfrac{2j\pi}{5}$,

$j = 0, \cdots, 4$, $\mathrm{Res}(f, \infty) = 0$, 或者 $\mathrm{Res}(f, z_j) = \dfrac{1}{(z_j - 3) \prod\limits_{j=0, k \neq j}^{4} (z_j - z_k)}$.

习题 5.2

1. (1) $-2\pi i$; (2) $-\dfrac{2\pi i}{9}$; (3) $2(2n+1)i$; (4) 0; (5) $-2\pi i$; (6) $-2\pi i$.

2. 考虑积分与极限差的模, 用 ε-δ 定义.

3. (1) $\dfrac{\pi}{4}$; (2) $\dfrac{2\pi}{1-a^2}$; (3) $\dfrac{\pi}{2\sqrt{a(a+1)}}$.

4. (1) 5; (2) 1; (3) 1; (4) n.

5. (1) 3; (2) 5; (3) 8.

第 5 章复习题

1. 考虑 $f(z) = \mathrm{e}^{-z^2}$.

2. 考虑 $|z| = R$ 的右半圆.

3. 令 $f(z) = \dfrac{(z-\alpha_1)^{k_1}\cdots(z-\alpha_m)^{k_m}}{(z-\beta_1)^{l_1}\cdots(z-\beta_n)^{l_n}}\psi(z)$, 考虑 $\varphi(z)\dfrac{f'(z)}{f(z)}$ 的积分.

4. 考虑积分与极限差的模, 用 ε-N 定义.

5. 令 $F(z) = f(z),\ G(z) = -g(z)$, 利用定理 5.2.3.

6. 利用 Rouché 定理.

第 5 章测试题

一、1. a_{-1}; 2. $\dfrac{\varphi^{(n-1)}(a)}{(n-1)!}$; 3. $-n$; 4. $2\pi\mathrm{i}\sum\limits_{k=1}^{n}\operatorname{Res}(f, z_k)$; 5. m.

二、1. C; 2. B; 3. D; 4. A; 5. A; 6. C; 7. B; 8. D; 9. A; 10. A.

三、提示: 三角有理函数的积分. $|p| > 1, I = \dfrac{2\pi}{p^2-1}$; $|p| < 1, I = \dfrac{2\pi}{1-p^2}$.

四、提示: 对数留数的定义及留数定理, -12.

五、提示: 利用 Rouché 定理分别讨论圆域 $|z| < 2$ 内有 7 个零点和 $|z| < 1$ 内有 1 个零点, 故方程在圆环域内有 6 个零点.

六、提示: 利用留数定理计算实积分. $I = -\dfrac{\pi}{5}$.

七、$2\pi\mathrm{i}$.

第 6 章　保形映射与解析延拓

习题 6.1

1. 使用 Taylor 展式后, 说明 $f_1(z) \neq f_2(z)$.

2. 使用二重积分的变量代换.

3. 利用第 2 题.

习题 6.2

1. (1) $w = \mathrm{i}\dfrac{1-z}{z+1}$; (2) $w = \dfrac{z-1}{(2\mathrm{i}-1)z+(2\mathrm{i}+1)}$.

2. (1) $w = \dfrac{z+1}{1-z}$; (2) $w = \dfrac{1}{1-z}$.

3. $w = \dfrac{2z+1}{2+z}$.

4. 利用 Schwarz 引理.

5. 对 $w = f(z)$ 及反函数 $z = f^{-1}(w)$ 两次使用 Schwarz 引理.

6. 利用 Schwarz 引理.

7. 利用 Schwarz 引理.

习题 6.3

1. 利用 Schwarz 引理.

习题 6.4

1. 将 $w = f(z)$ 延拓到扩充 z 平面后, 利用 Liouville 定理.

2. 它们的和函数在 $z \neq 0$, $z \neq 1$ 的整个复平面上解析且相等, 互为解析延拓.

3. 分别求出 $f_1(z)$ 与 $f_2(z)$ 的和.

第 6 章复习题

1. 分别求出 $f_1(z)$ 与 $f_2(z)$ 的和.

2. 利用对称原理及唯一性定理.

3. 考虑 $|z| = 1$ 上的点, $z_0 = e^{2i\pi \frac{p}{q}}$, 其中 p, q 为互素整数.

4. 分别作 z, w 平面上的单位圆到单位圆的变换, $\xi = \dfrac{z - z_0}{1 - \overline{z}_0 z}$, $\omega = \dfrac{w - w_0}{1 - \overline{w}_0 w}$, 其中 $|z_0| < 1, w_0 = f(z_0)$.

第 6 章测试题

一、1. 任意 $z_1, z_2 \in D$ 且 $z_1 \neq z_2$, 有 $f(z_1) \neq f(z_2)$;　　2. $\dfrac{\sqrt{2}}{4}$;

　　3. 角域 $0 < \arg w < \dfrac{3}{4}\pi$; 4. 扇形区域 $0 < \arg w < \pi$ 且 $|w| < 8$; 5. 保角性.

二、1. B; 2. A; 3. C; 4. A; 5. D; 6. A; 7. B; 8. D; 9. A; 10. A.

三、提示: 利用线性变换保交比性.

四、提示: 分式线性变换的性质, $w = e^{i\theta} \dfrac{z - a}{z - \overline{a}}$.

五、提示: 对 $w = f(z)$ 及其反函数用 Schwarz 引理.

六、提示: (1) 角形域 D 保形映射成右半平面 $B : \operatorname{Re} z > 0$;　(2) 右半平面 B 保形映射成上半平面 $U : \operatorname{Im} z > 0$; (3) 上半平面 U 保形映射成 w 平面上单位圆盘 $|w| < 1$.

七、提示: 由于条件 $f\left(\dfrac{1}{2}\right) = \dfrac{i}{2}$ 较条件 $f\left(\dfrac{1}{2}\right) = 0$ 复杂, 考虑构造变换 $\xi = f_1(z)$ 且满足 $f_1\left(\dfrac{1}{2}\right) = 0, f_1'\left(\dfrac{1}{2}\right) > 0; \xi = f_2(w)$ 且满足 $f_2\left(\dfrac{i}{2}\right) = 0, f_2'\left(\dfrac{i}{2}\right) > 0$. 则 $w = f_2^{-1} \circ f_1(z) = \dfrac{2(i-1) + (4-i)z}{(4+i) - 2(1+i)z}$.

参 考 文 献

[1] 余家荣. 复变函数. 3 版. 北京: 高等教育出版社, 2000.

[2] 钟玉泉. 复变函数论. 2 版. 北京: 高等教育出版社, 1988.

[3] 普里瓦洛夫 ИИ. 复变函数引论. 闵嗣鹤, 等, 译. 北京: 高等教育出版社, 1956.

[4] 史济怀, 刘太顺. 复变函数. 合肥: 中国科学技术大学出版社, 1998.

[5] 康威 J B. 单复变函数. 吕以辇, 张南岳, 译. 上海: 上海科学技术出版社, 1985.

[6] 李忠. 复分析导引. 北京: 北京大学出版社, 2004.

[7] 郑建华. 复变函数. 北京: 清华大学出版社, 2005.

[8] 庞学诚, 梁金荣, 柴俊. 复变函数. 北京: 科学出版社, 2003.

[9] 张南岳, 陈怀惠. 复变函数论选讲. 北京: 北京大学出版社, 1995.

[10] 扈培础. 复变函数教程. 北京: 科学出版社, 2008.

[11] 谭小江, 伍胜健. 复变函数简明教程. 北京: 北京大学出版社, 2006.

[12] 高宗升, 腾岩梅. 复变函数与积分变换. 北京: 北京航空航天大学出版社, 2006.

[13] 吴敏, 洪毅, 刘深泉. 复变函数. 广州: 华南理工大学出版社, 2004.

[14] 方企勤. 复变函数教程. 北京: 北京大学出版社, 1996.

参考文献